松辽流域水资源保护系列丛书（七）

松花江流域省界缓冲区水环境监测与评价

高 峰 刘 伟 郑国臣 等 著

科 学 出 版 社

北 京

内 容 简 介

本书在开展松花江流域省界缓冲区水环境监测的基础上，通过研究水质评价方法（单因子评价法、趋势分析法、主成分分析法、物元分析法、聚类分析法、神经网络预测法），开展水体的微生物监测与评价，构建流域水质监测系统和评价系统，探讨人工智能算法在松花江流域省界缓冲区水质评价与预测的应用，为松花江流域省界缓冲区水环境管理提供重要科学依据。

本书可供生态水利领域从事水环境保护等工作的科研人员及管理人员参阅，并可用作高等院校生态环境、水利工程等专业教师、研究生的参考书。

图书在版编目(CIP)数据

松花江流域省界缓冲区水环境监测与评价/高峰等著. —北京：科学出版社，2020.12

（松辽流域水资源保护系列丛书 ； 七）

ISBN 978-7-03-062828-2

Ⅰ. ①松… Ⅱ. ①高… Ⅲ. ①松花江-流域-缓冲区-区域水环境-环境监测 ②松花江-流域-缓冲区-区域水环境-环境质量评价 Ⅳ. ①X143 ②X834

中国版本图书馆 CIP 数据核字（2019）第 240030 号

责任编辑：孟莹莹 张培静 / 责任校对：樊雅琼

责任印制：吴兆东 / 封面设计：无极书装

科 学 出 版 社 出版

北京东黄城根北街 16 号

邮政编码：100717

http://www. sciencep. com

北京中石油彩色印刷有限责任公司 印刷

科学出版社发行 各地新华书店经销

*

2020 年 12 月第 一 版 开本：720×1000 1/16

2020 年 12 月第一次印刷 印张：12 插页：2

字数：242 000

定价：99. 00 元

（如有印装质量问题，我社负责调换）

作者委员会名单

主　任：

高　峰　（松辽流域水资源保护局松辽流域水环境监测中心）

刘　伟　（松辽流域水资源保护局松辽流域水环境监测中心）

副主任：

郑国臣　（松辽流域水资源保护局松辽水环境科学研究所）

崔　迪　（哈尔滨商业大学生命科学与环境科学研究中心）

参加编写人员：

张继民　（松辽流域水资源保护局松辽流域水环境监测中心）

钱　宁　（松辽流域水资源保护局松辽流域水环境监测中心）

张　怡　（吉林大学植物科学学院）

王旭涛　（珠江流域水资源保护局珠江流域水环境监测中心）

谷际岐　（中国农业大学资源与环境学院）

张运刚　（松辽流域水资源保护局松辽流域水环境监测中心）

石　岩　（松辽流域水资源保护局松辽流域水环境监测中心）

于久智　（香港科技大学工学院）

前　言

松花江流域位于中国东北地区的北部，东西长920km，南北宽1070km，流域面积56.12万km^2，是我国重要工业（机械、石油、化工、制药等）基地和粮食主产区。松花江流域作为吉林省、黑龙江省、内蒙古自治区的工业农业和饮用水的主要来源，水质状况与社会的发展密切相关。与其他流域相比，松花江流域地处我国寒冷的东北部，具有自身的流域特点，如化工产品污染突出、农业面源污染严重、流域冰封期长。随着东北老工业基地振兴战略和国家粮食安全战略的实施，针对松花江流域水环境特征，系统开展松花江流域省界缓冲区水质监测与评价相关工作，对进一步加强流域水资源保护与管理具有重要的意义。

流域水资源保护管理工作由水环境质量标准管理开始转变为水功能区目标管理。省界缓冲区管理涉及跨省、自治区、直辖市行政区域界涉水行政管理，处理上下游、左右岸水事纠纷问题。流域跨省界缓冲区管理主要由生态环境部门、水利部门、地方政府共同负责，涉及跨区域、跨部门合作等难题。为深入贯彻落实水资源管理制度，积极推进松花江流域“十三五”水污染防治规划和重要水功能区限制纳污制度的有效实施，亟须制定科学、合理、可操作性强的省界缓冲区水资源保护规范，加强省界缓冲区水资源保护监督管理工作；在流域省界缓冲区监测与评价中，科学合理地分析水质总体变化情况及趋势；基于松花江流域省界缓冲区近年水资源质量特征，总结松花江流域省界缓冲区水质监测情况，分析松花江流域省界缓冲区高锰酸盐指数、氨氮等趋势；针对松花江流域省界缓冲区监管考核存在的主要问题，提出松花江流域省界缓冲区监管对策及建议，为开展水功能区水质达标评价工作提供科学可行的技术支撑。

近年来，水质评价结论既不能掩盖水质污染的现实，尤其是主要污染指标，也不能过度水质保护，以最差水质指标的水质代表综合水质。水质评价方法有很多种，各方法之间研究目的与水质评价的侧重点均有所不同。在松花江流域省界缓冲区水质评价的研究中，所采用的水质评价方法通常比较单一，评价结果与实际水质状况存在偏差，致使水环境管理缺乏科学的理论依据，水资源得不到合理的开发和充分的利用。本书在对比和分析现行的典型方法（单因子评价法、趋势分析法、主成分分析法、物元分析法、聚类分析法、神经网络预测法）的基础上，提出松花江流域水质评价方法的优缺点以及适用条件，为流域水环境保护、水资源管理提供重要的科学依据。

本书由高峰、刘伟统稿，郑国臣、崔迪主笔。其中第 1、2 章由高峰、刘伟撰写，第 3 章由张继民、高峰撰写，第 4 章由郑国臣、高峰撰写，第 5 章由崔迪、郑国臣撰写，第 6 章由崔迪、刘伟撰写，第 7 章由张怡、王旭涛、谷际岐撰写，第 8 章由郑国臣、钱宁、石岩撰写，第 9 章由高峰、郑国臣撰写，第 10 章由刘伟、高峰、张运刚撰写，第 11 章由高峰、刘伟撰写，第 12 章及附录由谷际岐、于久智撰写。

为了系统梳理松花江流域省界缓冲区水环境监测与评价工作，加快完善监测与评价体系，作者结合近年来开展的相关课题及工作积累撰写本书。经过三年的艰苦努力，在完成科研项目的同时，也顺利完成了本书的撰写工作，并得到了部分专家、学者和管理人员的宝贵建议，在此也对给予过我们无私帮助的所有人表示衷心的感谢。在本书的撰写过程中，水利、生态环境行业的领导和同行给予了大力的支持；同时江南大学王玉莹、支丽玲和马鑫欣，哈尔滨商业大学邓红娜、谷逊雪、宋金萍，东北农业大学佟竺殷、刘晓艺、魏逸衡、冯伟轩，哈尔滨工程大学刘雨、贺旭、黄昊、孙宇同、马小兵等也为本书的撰写做了大量而烦琐的工作，在此一并深表感谢。

由于作者水平有限，书中疏漏难免，望广大读者批评指正。

作　者

2019 年 5 月

目　录

第1章　绪　　论

1.1　松花江流域概况

松花江流域位于中国东北地区北部，包含黑龙江省全部、吉林省大部、内蒙古自治区及辽宁省的一部分。松花江流域地处温带大陆性季风气候区，冬季严寒漫长，夏季温热，气温由西北部向东南部递增，南北相差较大，多年平均降水量在 300～1000mm，由东向西递减。松花江是中国七大江河之一，北源嫩江长1370km，南源第二松花江长 958km，两江汇合后称松花江干流，长 939km，在黑龙江省同江市注入黑龙江，流域面积 56.12 万 km^2；国境边界河流总长约 4500km，中国侧流域面积 37.36 万 km^2。

松花江流域工业基础雄厚，其能源、重工业产品在全国占有重要地位，石油石化、煤炭、电力、汽车、机床、塑料和重要军品生产等工业的地位突出；森林、草原、耕地资源丰富，水土匹配良好，光热条件适宜，是我国粮食主产区，耕地面积 3.2 亿亩，占全国总耕地面积的 17.5%，粮食产量占全国的 14.5%。松花江流域总人口 6509 万人，有哈尔滨、长春、齐齐哈尔、吉林、大庆等主要城市，形成了以哈尔滨、长春为中心的经济圈。松花江流域水资源总量 1491.8 亿 m^3，其中地表水资源量 1295.7 亿 m^3，地下水资源量 477.9 亿 m^3，地表水和地下水不重复量 196.1 亿 m^3。水资源总量占全国的 5%，人均水资源量与全国水平基本持平，亩均水资源量为全国水平的 33%。水资源时空分布不均，汛期径流量占全年的60%～80%，径流量年际变化大，连续枯水年和连续丰水年经常出现；水资源空间分布呈现出东多西少、北多南少、边境多腹地少的特点，与经济发展和生产力布局呈逆向分布。

自 2002 年《中华人民共和国水法》确定了以水功能区为单元实施水资源保护工作以来，国务院批复了《全国重要江河湖泊水功能区划（2011—2030 年）》，初步形成了以水功能区分级分类管理制度为核心的水资源保护管理体系，松花江流域水资源保护工作取得了明显成效。近年来，党中央国务院先后出台了一系列保障国家水安全的决策部署，水安全上升为国家战略，最严格水资源管理制度加快实施，水生态文明建设逐步推进，保护水资源的理念不断升华，对水资源保护工作提出了更高的要求。

1.2　水资源质量现状

根据国务院批复的全国重要江河湖泊水功能区和各省（自治区）批复的主要水功能区，松花江流域总计 469 个，长度约 28655km，湖库面积约 6771km^2。2017 年松花江流域总体水质状况为中度污染，全年评价河长 16780.4km，Ⅰ～Ⅲ类、Ⅳ和Ⅴ类、劣Ⅴ类水河长分别占 66.8%、24.6%、8.6%。全年主要超标项目为高锰酸盐指数、化学需氧量和氨氮。与 2016 年相比，全年Ⅰ～Ⅲ类水河长比例上升 0.1%，Ⅳ和Ⅴ类水河长比例下降 1.1%，劣Ⅴ类水河长比例上升 1.0%。

1.3　水资源保护面临形势与需求

十九大以来，松花江流域水资源管理和保护工作进入了新阶段，通过实施最严格水资源管理制度，开展节水型社会建设，推进水生态文明试点建设，重点治理地下水超采。在加强水资源质量保护的同时，更加注重水生态系统的保护与修复，水资源保护的要求不断提升。

（1）党中央国务院做出加快水利改革发展的一系列重要部署，为水资源保护工作提供了前所未有的机遇。

党中央国务院高度重视国家水安全战略，明确了新时期水利工作方针，出台了《关于加快推进生态文明建设的意见》《水污染防治行动计划》《关于全面推行河长制的意见》等政策措施，为今后流域水资源保护指明了方向，提供了强有力的政策支持。全社会高度重视水资源保护工作，公众对水资源保护的意识不断提高，为流域水资源保护工作营造了良好的氛围。

（2）适应经济社会发展新常态，如期实现全面建成小康社会宏伟目标，树立新的发展理念，对水资源保护提供更好的公共服务提出了新的要求。

创新、协调、绿色、开放、共享五大发展理念，建设美丽中国、让全体人民共同迈入小康社会的目标要求，需要通过坚持人水和谐、推进生态文明建设，实现生态环境质量的总体改善，缓解水资源水环境承载能力不足带来的矛盾，保护绿水青山。

当前，松花江流域经济发展处于深度调整转型中。作为部署优化经济发展空间格局的重要举措，近几年国家先后提出重点实施“一带一路”倡议、振兴东北老工业基地战略。“一带一路”倡议涉及我国西北和东北、西南、沿海及内陆大部分地区，需要加强生态脆弱地区的水资源与水生态保护，为国际贸易宏观战略的实施提供良好的资源与生态支撑；全面振兴东北老工业基地需要统筹解决水资源保护和社会经济发展问题，通过推进大小兴安岭和长白山等重点林区保护，呼伦贝尔、锡林郭勒等重点草原保护，三江平原、松辽平原等重点湿地保护，进一步改善辽河、松花江等重点流域水质，为东北地区打造北方生态屏障和山青水绿的宜居家园提供良好的水生态保障。

（3）与经济社会发展和人民群众的要求相比，松花江流域水安全状况特别是水质保护存在较大差距。

一方面松花江流域水资源时空分布不均，用水效率偏低，水资源承载能力依然趋紧，另一方面局部河段的水功能区污染物入河量超过其纳污能力，流域内各省区水功能区水质达标率依然较低，水质监测与管理特别是入河排污口的监管能力严重不足，亟待抓紧补齐补强水资源保护的监管能力。

（4）水生态系统保护与修复依然面临巨大挑战。

水生态系统保护与修复是全面实施水生态文明建设的重要内容之一。不仅要关注水质的保护，而且要从生态系统的要求出发，退还挤占生态水量，恢复退化生境、修复受损水生态功能。松花江流域黑龙江省哈尔滨市、齐齐哈尔市、大庆市，吉林省长春市、吉林市等城市点源污染严重，松嫩平原、三江平原地区等粮食主产区农田面源污染较为严重；松嫩平原、三江平原天然湿地因人类活动干扰影响而萎缩退化；第二松花江、头道松花江、牡丹江等河流存在生境阻隔、生物多样性下降问题，亟待全面加强水生态系统的保护与修复。

总之，松花江流域水资源保护工作任重道远，一方面要控源截污，控制排污总量；另一方面要强化保护措施，连通水系、加强水功能区监管能力建设，提高监控水平和强化法律法规执行力，改善水生态质量，提升水环境承载能力。按照中央关于保障水安全和加快水利改革发展的总体部署，全面提升水资源保护水平，为人民群众提供良好的水安全服务。

1.4 松花江流域省界缓冲区水质监测状况

省界缓冲区是流域管理的重要区域，主要目的是协调省际用水关系，控制上游对下游或相邻省间的水污染。控制流域跨界污染及省界缓冲区水环境保护管理是生态环境流域管理机构的重要职能。省界缓冲区涉及不同利益主体，不仅包括排污企业，还包括省级行政区间的利益。加强对省界缓冲区水资源保护的管理，在分清跨省污染责任的基础上，强化对各省责任的监督、考核和问责，促进相关省加强水资源保护力度，实现省际用水关系的协调，真正落实国家最严格的水资源管理制度。

1.4.1 省界缓冲区水资源保护管理现状分析

目前，我国关于省界缓冲区管理的研究有了一定成果，与国外发达国家流域水资源跨界管理实践相比，我国流域省界缓冲区水资源保护管理工作有以下特点：

（1）历史短。随着《关于加强省界缓冲区水资源保护和管理工作的通知》（办资源〔2006〕131 号）的发布，流域管理机构才逐渐开始着手负责省界缓冲区的水资源保护管理工作，至今不过十余年。

（2）难度大。松花江流域省界缓冲区大多处于偏远地区，交通不便；许多省界缓冲区位于支流上，作为河流代言人的流域管理机构与各省之间对支流省界缓冲区的管理分工尚未界定清楚；省界缓冲区固有的跨省级边界的复杂性，也加大了管理的难度。

（3）投入不足。投入不足导致流域机构对省界缓冲区的管理不能满足相关要求，需要系统、科学地对省界缓冲区水资源保护管理进行相关研究。

省界缓冲区水质监测结果和流域入河排污总量监测结果，已成为国家考核松花江流域各省水污染防治成绩的重要依据。针对松花江流域水质有机物污染严重和冰封期污染突出的特点，有关部门将重点开展松花江流域水环境特征与污染控制方案、松花江流域水质监测与污染预警系统等工作。

1.4.2 省界缓冲区水质监测内容

松花江流域省界缓冲区水质监测工作的目标：建立有效的监管制度和模式，

控制省界缓冲区水污染和其他水资源损害，维护良好水质或逐步实现已污染水体水质达标，防止流域水生态系统状况的恶化并改善其状况，促进流域水资源的可持续利用。省界缓冲区水域的水环境状况良好，其最基本含义是水质达标。省界缓冲区水质监测项目包括水温、pH、溶解氧（DO）、高锰酸盐指数（COD_{Mn}）、化学需氧量（COD）、五日生化需氧量（BOD_5）、氨氮（NH_3-N）、总磷（TP）、总氮（TN）、铜（Cu）、锌（Zn）、氟化物、硒（Se）、砷（As）、汞（Hg）、镉（Cd）、六价铬、铅（Pb）、氰化物、挥发酚、石油类、阴离子表面活性剂、硫化物、粪大肠菌群。

省界缓冲区具有容易发生水污染的特点，需要加大水质监测的力度，及时向有关部门提供水质信息，反映水污染现状。省界缓冲区水质监测是松花江流域整体水质监测工作的重要组成部分，主要由松辽流域生态环境监督管理局（原松辽流域水资源保护局）统一负责。根据有关技术要求，监测成果以简报、通报、年报等形式对外发布，定期进行资料的整理汇编等各类水质信息编发任务。

1.4.3 加强省界缓冲区水资源保护对策

省界缓冲区监督管理考核是一项系统工程，但现有省界缓冲区考核的基础工作薄弱，支撑条件还很不足，有待进一步加强。为满足考核工作的需要，必须建立和完善省界缓冲区监督管理和考核制度，补充水质监测断面，加强入河排污口监控设施建设，尽快核定省界缓冲区纳污能力并扩展核定的水质因子范围，开展相应的专项调查和研究。省界缓冲区是流域大系统的一个组成部分，需要从流域尺度上系统思考省界缓冲区的水资源保护考核工作。但是，如果流域水资源保护整体考核工作不配套，省界缓冲区水资源保护考核工作的超前探索的步伐势必受到制约。通过抓住考核指标体系建设这个关键点，发挥以点带线、以线带面的作用，全面提升省界缓冲区监督管理工作。

随着省界缓冲区水资源保护和管理等行政职能的发挥，提升水质监测能力建设的问题也将显现。例如，需要多举办针对重大突发性水污染事件应急调查、监测和大型仪器上岗人员培训班，培训监测管理人员，提高现有监测队伍应急调查、监测的技术水平。目前，松花江流域省界缓冲区监管工作主要在水质监测、入河污染物总量控制、入河排污口管理、水环境保护等方面，另外，在水污染事件应急管理等其他方面也进行了一些探索。

综上所述，针对流域省界缓冲区水资源保护的特点，进一步通过松花江流域省界缓冲区监管，完善省界缓冲区水质监测与评价方法研究，加强水质监测能力和基础设施建设，建立严密的管理架构作为实施考核的组织基础。近年来，流域管理机构提出松花江流域省界缓冲区监管对策，更好落实国家最严格的水资源管理制度。

第 2 章　松花江流域省界缓冲区水质监测技术与方法

省界缓冲区水质监测是流域水环境管理的重要组成部分，为流域水环境管理提供技术支持。松花江流域省界缓冲区常规监测日趋成熟，地表水监测从原来的点源、区域监测转变到流域监测管理，开展了松花江流域省界缓冲区统一监测，对摸清流域的水质状况、完善流域的水环境管理起到重要作用。

2.1　流域省界缓冲区水质监测技术

近年来，世界各国为适应发展变化的水环境管理形势，不断修订和实施水环境质量标准，对水质监测更加重视。我国地表水环境质量标准增加了五氯酚、丙烯腈、氯乙烯、苯、甲苯等苯系物及三溴甲烷等挥发性卤代烃类的监测标准，项目总数达 109 项。美国各州根据联邦环保局提供的水质基准并结合水体具体功能制定各州和流域的水质标准，即水环境质量标准。

水质监测可分为三类：

（1）自动监测：执行国家标准、美国国家环境保护署（U.S. Environmental Protection Agency，EPA）和欧盟（European Union，EU）认可的仪器分析方法，并按照国家批准的水质自动监测技术规范进行。

（2）常规监测：执行《地表水环境质量标准》（GB 3838—2002）中规定的标准分析方法。

（3）应急监测：凡有国家标准方法认可的项目，必须采用标准方法，如果是特定检测项目或者方法，可以考虑与标准方法的等效方法进行测定。

自动监测系统是指运用专用的系统软件，对水环境进行连续采样、分析测定、数据传输和处理的实时监测系统。自动监测保留了传统仪器监测方式的优点，能连续、实时地对水环境进行监测，节省大量的人力和时间，监测数据的偶然误差小。一些新的自动监测方法，如瑞典对海洋采用生物自动监测方式，利用雷达对海域的溢油进行实时监测等；美国等发达国家对河流、湖泊等地表水开展了水文水质同步监测；日本拥有以流域为主和以污染源为主的两类水质自动监测系统，其特点是只测水质参数而不测水文参数。然而，当前占主导地位的监测方式仍然是常规监测方式，它能够克服自动监测的许多局限性，比如一次性投资大，监测指标少，以综合性指标为主，无法解决有机污染物的监测问题。目前，松花江流域省界缓冲区水质监测技术路线为：采用以流域为单元，优化断面为基础，连续自动监测分析技术为先导，以手工采样、实验室分析技术为主体，以移动式现场快速应急监测技术为辅助手段的自动监测、常规监测与应急监测相结合的方式开展监测工作。

2.2 地表水监测规范要求

2.2.1 地表水功能区监测断面布设要求

（1）按水功能区的要求布设监测断面，水功能区具有多种功能的，按主导功能要求布设监测断面。

（2）每一水功能区监测断面布设不得少于一个，并根据影响水质的主要因素与分布状况等，增设监测断面。

（3）相邻水功能区界间水质变化较大或区间有争议的，按影响水质的主要因素增设监测断面。

（4）水功能区内有较大支流汇入时，在汇入点支流的河口上游处及充分混合后的干流下游处分别布设监测断面。

（5）潮汐河流水功能区上下游区界处分别布设监测断面。

（6）水网地区河流水功能区，根据区界内河网分布状况、水域污染状况和往复流运动规律等，在上下游区界内分别布设监测断面。

（7）同一湖泊、水库只划分一种类型水功能区的，应按网格法均匀布设监测断面（点）；划分为两种或两种以上水功能区的，应根据不同类型水功能区特点布设监测断面（点）。

2.2.2　采样频次与时间确定原则

（1）采集的样品在时间和空间上具有足够的代表性，能反映水资源质量自然变化和受人类活动影响的变化规律。

（2）符合水功能区管理与水资源保护的要求。

（3）充分考虑水工程调度与运行、入河污染物随水文情势变化在时间和空间上对水体影响的过程与范围。

（4）力求以最低的采样频次，取得最具有时间代表性的样品；既要满足反映水体质量状况的需要，又要实际可行。

2.2.3　河流、湖泊、水库采样频次和时间规定

（1）国家重点水质站应每月采样1次，全年不少于12次，遇特大水旱灾害期应增加采样频次。

（2）国家一般水质站应在丰、平、枯水期各采样2次，或按单数或双数月份采样1次，全年不少于6次。

（3）出入国境河段或水域、重要省际河流等水环境敏感水域，应每月采样1次，全年不少于12次。发生水事纠纷或水污染严重时，应增加采样频次。

（4）河流水系背景监测断面应每年采样6次，丰、平、枯水期各2次。

（5）流经城市或工业聚集区等污染严重的河段、湖泊、水库或其他敏感水域，应每月采样1次，全年不少于12次。

（6）水污染有季节差异时，采样频次可按污染和非污染季节适当调整，污染季节应增加采样频次，非污染季节可按月监测，全年监测不少于12次。

（7）水功能一级区中的保护区（自然保护区、源头水保护区）、保留区应每年采样6次，丰、平、枯水期各2次。

（8）水功能一级区中的缓冲区、跨流域等大型调水工程水源地保护区，应每月采样1次，全年不少于12次；发生水事纠纷或水污染严重时，应增加采样频次。

（9）水功能二级区中的重要饮用水源区应按旬采样，每月3次，全年36次。一般饮用水源区每月采样2次，全年24次。

（10）其他水功能二级区每月采样1次，全年不少于12次；相邻水功能区间水质有相互影响的或有水事纠纷的，应增加采样频次。

（11）潮汐河段和河口采样频次每年不少于 3 次，按丰、平、枯水期进行，每次采样应在当月大汛或小汛日采高平潮与低平潮水样各一个。

（12）河流、湖泊、水库洪水期、最枯水位、封冻期、流域性大型调水期以及大型水库泄洪、排沙运行期，应适当增加采样频次。

（13）受水工程控制或影响的水域采样频次应依据水工程调度与运行办法确定。

（14）地处人烟稀少的高原、高寒地区及偏远山区等交通不便的水质站，采样频次原则上可按每年的丰、平、枯水期或按汛期、非汛期各采样 1 次。

（15）除饮用水源区外，其他水质良好且常年稳定无变化的河流、湖泊、水库，可以酌情降低监测频次。

（16）为保证水质监测资料的可比性，国家基本水质站的采样时间统一规定在当月 20 日前完成，同一河段或水域的采样时间宜尽可能安排在同一时间段进行。

（17）专用水质站的采样频次与时间，视监测目的和要求参照以上采样频次与时间确定。

2.2.4　样品容器的选择与使用要求

（1）样品容器材质应化学稳定性好，不会溶出待测组分，且在保存期内不会与水样发生物理化学反应；对光敏性组分，应具有遮光作用；用于微生物检验用的容器能耐受高温灭菌。

（2）测定有机及生物项目的样品容器选用硬质（硼硅）玻璃容器，测定金属、放射性及其他无机项目的样品容器选用高密度聚乙烯或硬质（硼硅）玻璃容器，测定溶解氧及五日生化需氧量（BOD_5）使用专用样品容器。

（3）样品容器在使用前应根据监测项目和分析方法的要求，采用相应的方法洗涤。根据当地实际情况和涉水、桥梁、船只、缆道和冰上等采样方式，可以选择聚乙烯桶、有机玻璃采样器、单层采样器、直立式采样器、泵式采样器和自动采样器。

2.2.5　现场测定与观测要求

（1）水温、pH、溶解氧、电导率、透明度、感官性状等项目应在现场采用相应方法监测。

（2）现场使用的监测仪器应经检定或校准合格，并在使用前进行仪器校正。

（3）采用深水电阻温度计或颠倒温度计测量时，温度计应在测点放置 5～7min，待测得的水温恒定不变后读数。

（4）感官指标的观测：用相同的比色管，分取等体积的水样和蒸馏水做比较，对水的颜色进行定性描述。现场记录水的气味（嗅）、水面有无油膜、泡状等。

（5）水文参数的测量应符合现行国家和行业有关技术标准的规定。潮汐河流各点位采样时，还应同时记录潮位。

（6）测量并记录气象参数，如气温、气压、风向、风速和相对湿度等。

2.2.6　样品保藏方法

（1）保存剂不能有影响待测物测定的干扰物存在，保存剂的纯度和等级应符合分析方法的要求。

（2）保存剂可预先加入样品容器中，也可在采样后立即加入，但应避免对其他测试项目的影响和干扰；易变质的保存剂不宜预先添加。

（3）常用水样可参照分析方法的要求保存。

2.2.7　地表水监测项目规定

（1）国家重点水质站和一般水质站监测项目应符合常规项目要求，潮汐河流常规项目还应增加盐度和氯化物等。

（2）饮用水源区监测项目应符合常规项目要求，还应根据当地水质特征，增测非常规项目。

（3）其他水功能区监测项目除应符合常规项目要求，还应根据排入水功能区的主要污染物质种类增加其他监测项目。

（4）受水工程控制或影响的水域监测项目除应符合常规项目要求，还应根据工程类型与规模、影响因素与范围等增加其他监测项目。

（5）专用水质站监测项目可根据设站目的与要求，参照常规项目和非常规项目确定监测项目。

2.3　流域省界缓冲区水环境监测分类

2.3.1　理化监测

1. 水环境中无机物监测

在无机物监测技术方面，我国已经基本与世界接轨，技术方法等较为完善和成熟。水环境监测中物理指标是比较容易获取数据的；常用监测仪器较简单，如浊度仪、分光光度计、电导率仪等；常用监测技术为原子吸收和原子荧光法、等离子体发射光谱（inductively coupled plasma-atomic emission spectrometer，ICP-AES）、等离子发射光谱-质谱法（inductively coupled plasma-mass spectrometry，ICP-MS）和流动注射分析技术等。ICP-MS 检测范围广，检测效率高，但成本昂贵。ICP-AES 与原子吸收仪石墨炉法结合可以达到 ICP-MS 的水平。

2. 水环境中有机物监测

从目前情况来看，有毒有机污染物的监测是水质监测面临的重要任务。一些分析技术，如用吹脱捕集法测挥发性有机物（volatile organic compounds，VOCs），用液液萃取或微固相萃取测定半挥发性有机物，用高效液相色谱法（high performance liquid chromatography，HPLC）分析苯胺类、酞酸酯类、酚类等已被广泛应用。其中，气相色谱法适于分析挥发性、蒸汽压低、沸点低、热稳定性好的样品。在已知的有机化合物中，仅有 20%的样品符合气相色谱法适用条件，近 80%的有机化合物属于挥发性、易受热分解或者大分子化合物，适合于 HPLC。因此，HPLC 在一些重要的有机污染物的理化参数的测定中得到普遍重视，大型仪器参见表 2-1。

表 2-1　大型仪器一览表

设备名称	规格型号	制造厂商	主要检测指标
紫外、可见分光光度计	UV-1800	日本岛津	氨氮、总氮、总磷、六价铬、叶绿素 a
连续流动分析仪	Skalar SAN++	荷兰 Skalar	氰化物、硫化物、阴离子
原子荧光光度计	AFS-9700	北京海光仪器公司	汞、砷、锑等金属
原子吸收分光仪	ICE3500	Thermofisher	铁、锰、锌、镉等金属

续表

设备名称	规格型号	制造厂商	主要检测指标
等离子发射光谱仪	iCAP6300	Thermofisher	重金属
气相色谱仪	HP6890	美国 Agilent 公司	挥发、半挥发性有机物
液相色谱仪	ultimate 3000	美国戴安	大分子有机物
气相色谱质谱仪	7890-5975C	美国 Agilent 公司	挥发、半挥发性有机物
液质联用仪	Agilent6310	安捷伦科技有限公司	大分子有机物
红外油分析仪	IPOA2001	欧陆科仪有限公司	石油类
总有机碳测定仪	TOC-LCPH	日本岛津	TOC
生物毒性分析仪	MicroTox	美国 SDI 公司	综合毒性

在水环境监测中，有机污染综合指标（如 BOD_5 等）所反映的仅是水中易被化学氧化或微生物氧化降解的有机物的总量，这些指标并不能给出具体污染物质的量，因而有其局限性。如苯系物、多环芳烃、有机金属类化合物等，在水中的溶解度不大，测定化学需氧量（COD）值较低，但毒性较大。有机化合物种类众多，同分异构体现象普遍，造成其数量特别庞大，达数百万种之多。应用质谱测定挥发性和半挥发性有机物、特定有机物的几种方法，采用吹脱捕集-气相色谱-质谱法测定的挥发性有机物包括苯、甲苯、乙苯、丙苯、丁苯、氯苯等 54 种有机物；采用顶空气相色谱-质谱法测定的挥发性有机物包括苯、甲苯、二甲苯、二氯甲烷、三氯甲烷、四氯甲烷等 22 种有机物；采用气相色谱-质谱联用仪（gas chromatography-mass spectrometry，GC-MS）测定半挥发性气体时，能测有机氯农药、有机磷农药等 98 种有机物，能检测的酸性可萃取有机物有苯酚、氯酚、硝基苯酚等 14 种有机物；应用 GC-MS 法测的特定有机化合物有多环芳烃、二噁英类、有机氯农药等。

3. 样品预处理注意事项

（1）含有沉降性固体（如泥沙等）的水样，应将所采水样摇匀后倒入筒形玻璃容器（如量筒），静置 30min，在水样表层 50mm 以下位置，用吸管将水样移入样品容器后，再加入保存剂，测定总悬浮物和油类的水样除外。

（2）需要分别测定悬浮物和水中所含组分时，或规定使用过滤水样的，应采用 0.45μm 玻璃纤维微孔滤膜或等效方法过滤水样后，再加保存剂或萃取剂保存样品。

（3）测定微量有机物质，采用现场液-液或液-固萃取分离，低温保存萃取物或固相萃取柱。

固相萃取法（solid phase extraction，SPE）是近年来兴起的一项样品分析前处理新技术，可以直接从液体样品中采集挥发和非挥发性的化合物，该技术溶剂使用量少，高效快速，能够提高分析质量，提高回收率。至今 SPE 已经发展成为浓缩样品基体中痕量分析物质的一种强有力的工具。水中阿特拉津富集方法较多的是液-液萃取法，其操作复杂烦琐，且操作过程中使用较多的有机溶剂，不但污染环境，而且对操作人员的健康危害较大，故选择了 SPE 进行实验。

水污染物种类多、时空分布广泛和样品组成复杂、待测组分浓度变化幅度大等特点，决定了水环境监测技术、分析方法必须具有多样性才能适合水环境监测工作的需要。地表水监测项目参见表 2-2。进入水体中的污染物由于扩散、颗粒物的吸附或络合、挥发、电离、水解、聚合、沉淀、化学氧化或光化学氧化、生物浓集及微生物的降解，而使污染物的状态发生不同的变化，无机态、有机态发生变化，或是物理聚集状态发生变化，或是化学价态发生变化，或是由可溶态迁移至生物体。水环境监测样品的时空变化较大，随着被监测水体组成、干扰组分、干扰因素及待测组分含量的变化，原先使用的分析方法可能已不适用，应选用其他适用的分析方法进行测试。适用于清洁地表水监测的分析方法已不适用于枯水季节样品的测试，需要选择适于污水监测的分析方法进行测试。再如，适用于通常情况下的碘量法，在汛期，因泥沙含量高已不适用，需要选用电极法测定。因此，实验室必须选用并且掌握多种分析方法，了解分析方法的特性参数、适用范围和局限性，以应对和解决水环境监测中出现的纷繁复杂的问题。同时，实验室在选用分析方法时，必须全面、综合分析，并对拟选用的分析方法加以检验与研究。

表 2-2　地表水监测项目

	常规项目	非常规项目
河流	水温、pH、溶解氧、高锰酸盐指数、化学需氧量、五日生化需氧量、氨氮、总磷、总氮、铜、锌、氟化物、硒、砷、汞、镉、六价铬、铅、氰化物、挥发酚、石油类、阴离子表面活性剂、硫化物、粪大肠菌群	矿化度、总硬度、电导率、悬浮物、硝酸盐氮、硫酸盐、氯化物、碳酸盐、重碳酸盐、总有机碳、钾、钠、钙、镁、铁、锰、镍。其他项目可根据水功能区和入河排污口管理需要确定
湖泊水库	水温、pH、溶解氧、高锰酸盐指数、化学需氧量、五日生化需氧量、氨氮、总磷、总氮、铜、锌、氟化物、硒、砷、汞、镉、六价铬、铅、氰化物、挥发酚、石油类、阴离子表面活性剂、硫化物、粪大肠菌群、氯化物、叶绿素 a、透明度	矿化度、总硬度、电导率、悬浮物、硝酸盐氮、硫酸盐、碳酸盐、重碳酸盐、总有机碳、钾、钠、钙、镁、铁、锰、镍。其他项目可根据水功能区和取退水许可管理需要确定

续表

	常规项目	非常规项目
饮用水源地	水温、pH、溶解氧、高锰酸盐指数、化学需氧量、五日生化需氧量、氨氮、总磷、总氮、铜、锌、氟化物、硒、砷、汞、镉、六价铬、铅、氰化物、挥发酚、石油类、阴离子表面活性剂、硫化物、粪大肠菌群、氯化物、硫酸盐、硝酸盐氮、总硬度、电导率、铁、锰、铝	三氯甲烷、四氯化碳、三溴甲烷、二氯甲烷、1,2-二氯乙烷、环氧氯丙烷、氯乙烯、1,1-二氯乙烯、1,2-二氯乙烯、三氯乙烯、四氯乙烯、氯丁二烯、六氯丁二烯、苯乙烯、甲醛、乙醛、丙烯醛、三氯乙醛、苯、甲苯、乙苯、二甲苯、异丙苯、氯苯、1,2-二氯苯、1,4-二氯苯、三氯苯、四氯苯、六氯苯、硝基苯、二硝基苯、2,4-二硝基甲苯、2,4,6-三硝基甲苯、硝基氯苯、2,4-二硝基氯苯、2,4-二氯苯酚、2,4,6-三氯苯酚、五氯酚、苯胺、联苯胺、丙烯酰胺、丙烯腈、邻苯二甲酸二丁酯、邻苯二甲酸二（2-乙基己基）酯、水合肼、四乙基铅、吡啶、松节油、苦味酸、丁基黄原酸、活性氯、滴滴涕、林丹、环氧七氯、对硫磷、甲基对硫磷、马拉硫磷、乐果、敌敌畏、敌百虫、内吸磷、百菌清、甲萘威、溴氰菊酯、阿特拉津、苯并（a）芘、甲基汞、多氯联苯、微囊藻毒素-LR、黄磷、钼、钴、铍、硼、锑、镍、钡、钒、钛、铊

2.3.2　生物监测

目前理化监测还不能全面解析水环境问题，而生物监测能够反映污染物的综合毒性效应及对环境产生的潜在威胁。水生生物监测技术利用水生生物对水体有害物质的敏感性，对不同生物在不同环境条件下活动变化状况测定或分析，得出对水质的定性评价结果。水环境监测利用生物群落、种群及个体数量和形态学的改变来反映污染程度；利用活体生物的急性毒性试验反映污染物浓度；利用活体生物的慢性毒性试验来反映致畸、致癌、致突变的毒性效应等。水生生物监测水质技术能够弥补化学分析技术实时性和综合性较差的缺陷。由于空间和时间尺度上的整合胁迫能力不同，生物指标各不相同。如鱼的生存周期比藻长，但鱼比藻移动更多，藻在更短周期内更好地整合某个空间位点上的胁迫；而鱼类能够在更大的空间尺度上来整合胁迫，这为多个生物类群的采集提供了一个更为全面的评价。因此，一个完整的水环境监测系统应包括优势互补的理化分析和生物监测等综合评价。本节以藻类、浮游动物、沉积物中的微生物等为例，介绍有关生物监测的有关内容。

1. 藻类

使用藻类调查来实现生物评价项目主要有两个目的：

（1）量化生物量；

（2）表现种类组成特性。

藻类是繁殖效率高且生命周期短的初级生产者，藻类作为有机物的生产者在水生境中具有重要功能，在无机营养盐的保持、运输和循环上起着至关重要的作用。水污染能改变自然藻类的结构和功能，因此，许多藻类度量和指标已被应用于指示水环境的变化。藻类属于短期影响指标，许多藻类对营养盐污染特别敏感并会做出直接响应。许多常见藻类的取样相对简单，藻类既能够以单独的分类转变形式来体现，也能够以整个类群的生物量响应来表现。藻类的生物量通过不同测量方式表现出来，包括细胞丰度、生物体积、叶绿素 a、脱氢酶活性的测量等。由于藻类的相关技术在国内开展较早，因此监测技术相对较为成熟。

2. 浮游动物

浮游动物作为浮游水生态系统中的初级消费者，是水体生态系统食物链中一个重要组成部分，同时在物质转化、能量流动和信息传递等生态过程中起着至关重要的作用。浮游动物种类和数量的变化会影响其他水生生物的分布和丰度情况。浮游动物与水环境质量存在一定的相互作用关系，很多浮游动物对水环境的变化非常敏感，水质的任何变化都可能影响它们的生理功能、种类丰度、群落结构等。其群落结构能迅速反映不同时空尺度上河流的变化特征，是表征河流健康状况的重要指示因子。水环境的变化会给浮游动物的群落结构和功能带来直接影响，而浮游动物可以积累和代谢一定量的污染物质，起到净化水质的作用。浮游动物群落结构受诸多因素影响，如光照、温度、透明度、营养盐、污染程度等。浮游动物在不同生境下会产生不同的响应，造成其种类、丰度等的差异，因此对水环境具有一定程度的指示作用。

3. 沉积物中的微生物

流域沉积物通常是由各种矿物、有机碎屑沉降在水体底部形成的固相混合物。作为水生态系统的重要组成部分，沉积物既是底栖生物的栖息场所也是其营养来源，在能量流动和物质循环中的作用至关重要。同时，沉积物又是各种污染物的蓄积库，污染物进入水体之后，逐步在表层沉积物中富集，或附着于悬浮颗粒，或溶于间隙水。但是，由于沉积物固相-水相（孔隙水）之间存在频繁的物质交换，使得沉积物中的污染物在一定条件下会随着水流、生物扰动重新进入水中，对水环境和生态构成新的威胁，造成水体的二次污染。因此，河流沉积物也称为是河流内污染源的元凶，也是河流水体污染的隐形杀手。众多学者主要针对河流沉积物中的微生物监测与评价开展研究。

2.4　松花江流域省界缓冲区控制体系

松花江流域省界缓冲区水质监测断面体系由嫩江、第二松花江、松花江干流组成，共布设30个水功能区（包括51个水质监测断面），有关缓冲区和其他重要水功能区相关信息见表2-3。

表2-3　松花江流域省界缓冲区及其他重要水功能区情况表

水功能区序号	水功能区名称	监测断面序号	监测断面名称	河长/km	水质目标
1	甘河蒙黑缓冲区	1	加西	28.6	Ⅲ
2	甘河黑蒙缓冲区	2	白桦下	14.5	Ⅲ
3	甘河鄂伦春自治旗、莫力达瓦达斡尔族自治旗保留区	3	柳家屯	170.3	Ⅲ
4	嫩江黑蒙缓冲区1	4	石灰窑	164.7	Ⅲ
	嫩江黑蒙缓冲区1	5	嫩江浮桥		
	嫩江黑蒙缓冲区1	6	繁荣新村		
5	嫩江黑蒙缓冲区2	7	尼尔基大桥	56.5	Ⅲ
	嫩江黑蒙缓冲区2	8	小莫丁		
	嫩江黑蒙缓冲区2	9	拉哈		
	嫩江黑蒙缓冲区2	10	鄂温克族乡		
6	诺敏河蒙黑缓冲区	11	古城子	84.7	Ⅲ
	诺敏河蒙黑缓冲区	12	萨马街		
7	阿伦河蒙黑缓冲区	13	兴鲜	20.1	Ⅲ
8	音河蒙黑缓冲区	14	新发	11.5	Ⅲ
	音河蒙黑缓冲区	15	大河		

续表

水功能区序号	水功能区名称	监测断面序号	监测断面名称	河长/km	水质目标
9	雅鲁河蒙黑缓冲区	16	二节地	30.9	Ⅲ
	雅鲁河蒙黑缓冲区	17	金蛇湾码头		
10	济沁河蒙黑缓冲区	18	东明	14.5	Ⅲ
	济沁河蒙黑缓冲区	19	苗家堡子		
11	雅鲁河黑蒙缓冲区	20	原种场	25.1	Ⅲ
12	绰尔河黑蒙缓冲区	21	两家子水文站	47.3	Ⅲ
13	绰尔河扎赉特旗缓冲区	22	乌塔其农场	5	Ⅲ
14	嫩江黑蒙缓冲区 3	23	莫呼渡口	62.1	Ⅲ
	嫩江黑蒙缓冲区 3	24	江桥		
15	洮儿河蒙吉缓冲区	25	浩特营子	6.7	Ⅲ
	洮儿河蒙吉缓冲区	26	林海		
16	那金河蒙吉缓冲区	27	永安	19	Ⅲ
	那金河蒙吉缓冲区	28	煤窑		
17	蛟流河蒙吉缓冲区	29	宝泉	17.3	Ⅲ
	蛟流河蒙吉缓冲区	30	野马图		
18	霍林河科尔沁右翼中旗缓冲区	31	高力板	13	Ⅲ
19	霍林河科尔沁自然保护区	32	同发	50	Ⅲ
20	嫩江黑吉缓冲区	33	白沙滩	250.8	Ⅲ
	嫩江黑吉缓冲区	34	大安		
	嫩江黑吉缓冲区	35	塔虎城渡口		
	嫩江黑吉缓冲区	36	马克图		
21	辉发河辽吉缓冲区	37	龙头堡	10.1	Ⅱ
22	第二松花江吉黑缓冲区	38	松林	13	Ⅲ
23	松花江黑吉缓冲区	39	下岱吉	138.6	Ⅲ
	松花江黑吉缓冲区	40	88 号照		
24	细鳞河（溪浪河）吉黑缓冲区	41	肖家船口	21.8	Ⅲ
	细鳞河（溪浪河）吉黑缓冲区	42	和平桥		
25	拉林河吉黑缓冲区 1	43	向阳	17	Ⅲ
26	拉林河吉黑缓冲区 2	44	振兴	246.5	Ⅲ
	拉林河吉黑缓冲区 2	45	牛头山大桥		
	拉林河吉黑缓冲区 2	46	蔡家沟		
	拉林河吉黑缓冲区 2	47	板子房		

续表

水功能区序号	水功能区名称	监测断面序号	监测断面名称	河长/km	水质目标
27	牤牛河黑吉缓冲区	48	牤牛河大桥	17	III
28	卡岔河吉黑缓冲区	49	龙家亮子	16	III
29	牡丹江吉黑缓冲区	50	牡丹江 1 号桥	24.2	III
30	松花江同江市缓冲区	51	同江	63.1	III

2.4.1　嫩江水质控制体系

1. 嫩江黑蒙缓冲区 1 水质控制单元

本单元由干流嫩江黑蒙缓冲区 1 及支流甘河蒙黑缓冲区、甘河黑蒙缓冲区、甘河保留区四个重要水功能区构成。

嫩江黑蒙缓冲区 1 起始石灰窑水文站，终止于尼尔基水库库末，全长约 164.7km。其间共布设 6 个水质控制断面，在支流甘河蒙黑缓冲区上布设加西、甘河黑蒙缓冲区上布设白桦下、甘河保留区上布设柳家屯 3 个断面；在干流嫩江黑蒙缓冲区 1 上布设石灰窑、嫩江浮桥、繁荣新村 3 个断面。

加西：反映甘河内蒙古自治区入黑龙江省加格达奇区的入境水质。

白桦下：反映黑龙江省入内蒙古自治区的入境水质，以及加格达奇市对甘河的污染情况。

柳家屯：地处柳家屯水文站，反映甘河入嫩江干流前水质状况。

石灰窑：地处石灰窑水文站，嫩江干流上第一个控制断面。监测数据作为嫩江源头来水水质。

嫩江浮桥：上游有喇嘛河、科洛河、门鲁河、欧肯河、库里河等支流汇入，其中喇嘛河污染较严重。嫩江浮桥断面反映上述支流对嫩江干流的污染情况。

繁荣新村：尼尔基水库设计库末，反映尼尔基水库入库水质。同时，与嫩江浮桥、柳家屯结合，可区分嫩江县城和甘河对嫩江干流的污染情况。

通过以上 6 个断面的相互组合，基本上能够反映嫩江黑蒙缓冲区 1 区间的省际污染责任和支流甘河对嫩江干流的影响。

2. 嫩江黑蒙缓冲区 2 水质控制单元

本单元由嫩江黑蒙缓冲区 2 及支流诺敏河蒙黑缓冲区两个省界缓冲区构成。

嫩江黑蒙缓冲区 2 起始尼尔基坝址，终止于鄂温克族乡，全长约 56.5km。其间共布设 6 个水质控制断面，在支流诺敏河蒙黑缓冲区上布设古城子、萨马街 2 个断面；在嫩江干流嫩江黑蒙缓冲区 2 上布设尼尔基大桥、小莫丁、拉哈、鄂温克族乡 4 个断面。

古城子：地处古城子水文站，反映诺敏河内蒙古自治区入蒙黑左右岸河道的水质状况。

萨马街：该断面与古城子断面结合可反映查哈阳农场退水对诺敏河的影响。

尼尔基大桥：反映尼尔基水库出库水质，作为嫩江黑蒙缓冲区 2 起始值。

小莫丁：与尼尔基大桥断面结合可判别莫力达瓦旗对嫩江干流的污染。

拉哈：与小莫丁断面结合可判别讷莫尔河对嫩江干流的污染。

鄂温克族乡：与拉哈断面结合可判红光糖厂对嫩江干流的污染。

以上 6 个断面基本反映了嫩江黑蒙缓冲区 2 区间的污染状况及责任以及支流诺敏河、讷莫尔河对嫩江干流的影响。

3. 嫩江黑蒙缓冲区 3 水质控制单元

本单元由干流嫩江黑蒙缓冲区 3 及支流阿伦河蒙黑缓冲区、音河蒙黑缓冲区、雅鲁河蒙黑缓冲区、雅鲁河黑蒙缓冲区、济沁河蒙黑缓冲区、绰尔河黑蒙缓冲区、绰尔河扎赉特旗缓冲区八个重要水功能区构成。

嫩江黑蒙缓冲区 3 起始莫呼公路桥，终止于江桥镇，全长约 62.1km。其间共布设 12 个水质控制断面，在支流阿伦河蒙黑缓冲区上布设兴鲜 1 个断面；在支流音河蒙黑缓冲区上布设新发、大河 2 个断面；在支流雅鲁河蒙黑缓冲区上布设二节地（红光三队）、金蛇湾码头 2 个断面，雅鲁河黑蒙缓冲区上布设原种场 1 个断面；在支流济沁河蒙黑缓冲区上布设东明、苗家堡子 2 个断面；在支流绰尔河黑蒙缓冲区上布设两家子水文站 1 个断面；在绰尔河入嫩江河口布设乌塔其农场 1 个断面；在干流嫩江黑蒙缓冲区 3 上布设莫呼渡口、江桥 2 个断面。

兴鲜：反映阿伦河黑龙江省入境水质。

新发：反映音河内蒙古自治区出境水质。

大河：反映音河黑龙江省入境水质。

二节地：反映雅鲁河内蒙古自治区出境水质。

金蛇湾码头：反映雅鲁河黑龙江省入境水质。

原种场：反映雅鲁河入嫩江水质。

东明：反映济沁河内蒙古自治区出境水质。

苗家堡子：反映济沁河黑龙江省入境水质。

两家子水文站：反映绰尔河内蒙古自治区出境水质。

乌塔其农场：反映绰尔河入嫩江水质。

莫呼渡口：该断面与萨马街、鄂温克族乡、兴鲜、大河组合判别齐齐哈尔市对嫩江的污染情况。

江桥：该断面与莫呼渡口、绰尔河口、原种场组合判别干、支流对嫩江黑蒙缓冲区3的污染情况。

通过以上12个断面的相互组合，基本上反映了嫩江黑蒙缓冲区3区间的污染责任以及支流阿伦河、音河、雅鲁河、绰尔河对嫩江干流的影响。

4. 嫩江黑吉缓冲区水质控制单元

本单元由干流嫩江黑吉缓冲区及支流洮儿河蒙吉缓冲区、那金河蒙吉缓冲区、蛟流河蒙吉缓冲区、霍林河科尔沁右翼中旗缓冲区、霍林河科尔沁自然保护区水功能区构成。

嫩江黑吉缓冲区起始光荣村，终止于卡岔河，全长约250.8km。其间共布设12个水质控制断面，在支流洮儿河蒙吉缓冲区上布设浩特营子、林海2个断面；在支流那金河蒙吉缓冲区上布设永安、煤窑2个断面；在支流蛟流河蒙吉缓冲区上布设宝泉、野马图2个断面；在支流霍林河科尔沁右翼中旗缓冲区上布设高力板1个断面；在支流霍林河科尔沁自然保护区上布设同发1个断面；在嫩江干流嫩江黑吉缓冲区上布设白沙滩、大安、塔虎城渡口、马克图4个断面。

浩特营子：反映洮儿河内蒙古出境水质。

林海：反映洮儿河吉林省入境水质。

永安：反映那金河内蒙古自治区出境水质。

煤窑：反映那金河吉林省入境水质。

宝泉：反映蛟流河内蒙古自治区出境水质。

野马图：反映蛟流河吉林省入境水质。

高力板：反映霍林河内蒙古自治区出境水质。

同发：反映霍林河吉林省入境水质。

白沙滩：与江桥断面结合判别大庆部分地区及泰来县对嫩江干流的影响。

大安：与白沙滩断面结合判别支流洮儿河对嫩江的影响。

塔虎城渡口：与大安断面结合判别大安市对嫩江的影响。

马克图：嫩江汇入松花江干流前水质。

以上 12 个断面基本上反映了嫩江黑吉缓冲区区间的污染责任以及支流洮儿河、霍林河等支流对嫩江干流的影响。

2.4.2　第二松花江水质控制体系

1. 第二松花江吉黑缓冲区水质控制单元

本单元由第二松花江吉黑缓冲区构成，起始石桥村，终止于入松花江干流河口，全长约 13.0km。其间只布设松林 1 个水质控制断面，反映第二松花江入松花江干流水质。

2. 辉发河辽吉缓冲区水质控制单元

本单元由辉发河辽吉缓冲区构成，起始南山城，终止于辽吉省界，全长约 10.1 km。其间只布设龙头堡 1 个水质控制断面，龙头堡反映辉发河辽宁省省界断面水质。

2.4.3　松花江干流水质控制体系

1. 松花江干流黑吉缓冲区水质控制单元

松花江干流黑吉缓冲区起始卡岔河，终止于双城临江屯，全长约 138.6km。其间共布设下岱吉、88 号照 2 个水质控制断面。

下岱吉：与马克图、松林相结合，识别吉、黑左右岸区间黑龙江省大庆市肇源县对松花江干流水质影响。

88 号照：松花江进入黑龙江省的第一个上下游断面，反映松花江进入黑龙江省前的水质状况。

2. 松花江同江缓冲区水质控制单元

本单元由松花江同江缓冲区构成，起始福合村，终止于同江市，全长约 63.1km。其间只布设同江 1 个水质控制断面，反映松花江出国境水质，与 88 号照断面相结合反映黑龙江省对松花江的水质影响。

3. 牡丹江吉黑缓冲区水质控制单元

本单元由牡丹江吉黑缓冲区构成，起始大山嘴子，终止于入境泊湖口，全长约 24.2km。其间只布设牡丹江 1 号桥 1 个水质控制断面，反映牡丹江吉林省出境、黑龙江省入境水质。

4. 拉林河吉黑缓冲区水质控制单元

本单元由拉林河吉黑缓冲区 1、拉林河吉黑缓冲区 2 及支流细鳞河（溪浪河）吉黑缓冲区、牤牛河黑吉缓冲区、卡岔河吉黑缓冲区构成。

拉林河吉黑缓冲区起始五常公路桥，终止于入松花江河口，全长约 246.5km。其间共布设 9 个水质控制断面。在支流细鳞河吉黑缓冲区上布设肖家船口、和平桥 2 个断面；在支流牤牛河黑吉缓冲区上布设牤牛河大桥 1 个断面；在支流卡岔河吉黑缓冲区上布设龙家亮子 1 个断面；在拉林河吉黑缓冲区 1 上布设向阳 1 个断面；在拉林河吉黑缓冲区 2 上布设振兴、牛头山大桥、蔡家沟、板子房 4 个断面。

肖家船口：反映细鳞河吉林省出境水质。

和平桥：反映细鳞河黑龙江省入境水质。

牤牛河大桥：反映牤牛河入拉林河水质。

龙家亮子：反映卡岔河入拉林河水质。

向阳：反映拉林河上游来水水质。

振兴：与向阳、肖家船口断面组合，判别五常市对拉林河的污染。

牛头山大桥：与蔡家沟断面组合判别双城对拉林河的污染。

蔡家沟：与牛头山大桥断面组合判别双城对拉林河的污染。

板子房：反映拉林河入松花江水质。

通过 9 个断面的相互组合，基本反映出拉林河吉黑缓冲区干支流的污染责任。

第3章　单因子评价与趋势分析法

单因子评价法是以水体的最差单项指标作为该水体水质类别的判断依据，以水体中感观性、毒物和生物学等属性作为因子，将其监测结果与评价标准进行对照，从而确定所监测的水质类别。按照《地表水资源质量评价技术规程》（SL 395—2007）等相关规程、规范要求，流域水质评价需要做趋势分析。趋势分析检验法本质上是一种数学计算，能有效区分流域省界缓冲区水质的变化趋势，计算三个备选假设 $H_0>0$（增长趋势）、$H_0<0$（下降趋势）和 $H_0\neq0$（无趋势）下的 p 值和肯德尔（Kendall）等级相关系数。选择 p 值（三个假设分别对应：增长趋势、下降趋势和无趋势）和 Kendall 等级相关系数作为检验依据。假设的概率（p 值）是测量反对原假设证据的概率，p 值越低将提供反对原假设的证据越强。Kendall 等级相关系数的绝对值越接近 1，表明该趋势越显著。

3.1　全年水质评价结果

2017 年全年，松花江流域参加评价重要水功能区断面 51 个，断流 6 个，实际参与评价断面 45 个，评价指标 21 项，按照单因子评价的方法，除龙头堡断面以Ⅱ类水为水质目标外，其余断面均以Ⅲ类水为水质目标，全年都达标的断面有 17 个，达标率 37%（表 3-1）。在全年中只有 1 个月不达标的断面有 14 个，2 个月不达标的断面有 10 个，3 个月不达标的断面有 2 个，3 个月以上不达标的断面只有 2 个。地表水源地水质评价项目为《地表水环境质量标准》（GB 3838—2002）中除水温、总氮、粪大肠菌群以外的 21 个基本项目，其中龙头堡断面以Ⅱ类水为水质目标，有 7 个月超标，主要超标项目为总磷；龙家亮子断面有 12 个月超标，主要超标项目为溶解氧、氨氮、五日生化需氧量、总磷、高锰酸盐指数和挥发酚。

表 3-1　松花江流域省界缓冲区断面全年水质类别

断面	1月	2月	3月	4月	5月	6月	7月	8月	9月	10月	11月	12月
加西	Ⅲ	Ⅲ	Ⅱ	Ⅱ	Ⅱ	Ⅱ	Ⅱ	Ⅱ	Ⅱ	Ⅱ	Ⅱ	Ⅱ
白桦下	Ⅲ	Ⅲ	Ⅱ	Ⅱ	Ⅱ	Ⅲ	Ⅱ	Ⅱ	Ⅱ	Ⅱ	Ⅱ	Ⅱ
柳家屯	Ⅲ	Ⅲ	Ⅱ	Ⅱ	Ⅱ	Ⅱ	Ⅲ	Ⅱ	Ⅱ	Ⅱ	Ⅱ	Ⅱ
石灰窑	Ⅱ	Ⅲ	Ⅱ	Ⅲ	Ⅳ	Ⅳ	Ⅲ	Ⅲ	Ⅴ	Ⅲ	Ⅲ	Ⅱ
嫩江浮桥	Ⅱ	Ⅲ	Ⅱ	Ⅱ	Ⅲ	Ⅳ	Ⅲ	Ⅳ	Ⅳ	Ⅲ	Ⅱ	Ⅱ
繁荣新村	Ⅲ	Ⅲ	Ⅱ	Ⅲ	Ⅲ	Ⅲ	Ⅲ	Ⅱ	Ⅴ	Ⅲ	Ⅱ	Ⅱ
尼尔基大桥	Ⅲ	Ⅲ	Ⅲ	Ⅲ	Ⅲ	Ⅱ	Ⅱ	Ⅲ	Ⅲ	Ⅲ	Ⅲ	Ⅲ
小莫丁	Ⅲ	Ⅲ	Ⅲ	Ⅲ	Ⅲ	Ⅲ	Ⅱ	Ⅱ	Ⅲ	Ⅲ	Ⅲ	Ⅲ
拉哈	Ⅲ	Ⅲ	Ⅲ	Ⅲ	Ⅲ	Ⅱ	Ⅱ	Ⅱ	Ⅲ	Ⅲ	Ⅲ	Ⅲ
鄂温克族乡	Ⅲ	Ⅱ	Ⅱ	Ⅲ	Ⅲ	Ⅱ	Ⅱ	Ⅱ	Ⅲ	Ⅲ	Ⅲ	Ⅲ
古城子	Ⅱ	Ⅰ	Ⅱ	Ⅱ	Ⅱ	Ⅱ	Ⅳ	Ⅲ	Ⅱ	Ⅳ	Ⅱ	Ⅲ
萨马街	Ⅱ	Ⅰ	Ⅱ	Ⅱ	Ⅲ	Ⅲ	Ⅳ	Ⅲ	Ⅱ	Ⅲ	Ⅱ	Ⅱ
兴鲜	Ⅱ	Ⅰ	Ⅱ	Ⅱ	Ⅱ	Ⅱ	Ⅳ	Ⅲ	Ⅱ	Ⅳ	Ⅱ	Ⅱ
新发	Ⅲ		Ⅲ	Ⅱ	Ⅱ	Ⅱ	Ⅳ	Ⅲ	Ⅱ	Ⅴ	Ⅱ	Ⅲ
大河	Ⅱ	Ⅱ	Ⅱ	Ⅱ	Ⅱ	Ⅱ	Ⅳ	Ⅲ	Ⅱ	Ⅴ	Ⅲ	Ⅱ
二节地	Ⅱ	Ⅲ	Ⅱ	Ⅱ	Ⅱ	Ⅱ	Ⅳ	Ⅲ	Ⅱ	Ⅳ	Ⅲ	Ⅱ
金蛇湾码头	Ⅱ	Ⅰ	Ⅱ	Ⅱ	Ⅱ	Ⅱ	Ⅳ	Ⅲ	Ⅱ	Ⅳ	Ⅲ	Ⅱ
东明	Ⅱ	Ⅱ		Ⅱ	Ⅱ	Ⅱ	Ⅳ	Ⅲ	Ⅱ	Ⅲ	Ⅲ	Ⅱ
苗家堡子	Ⅱ	Ⅱ	Ⅱ	Ⅱ	Ⅱ	Ⅱ	Ⅳ	Ⅲ	Ⅱ	Ⅳ	Ⅲ	Ⅲ
原种场	Ⅱ	Ⅱ	Ⅲ	Ⅳ	Ⅱ	Ⅲ	Ⅲ	Ⅱ	Ⅱ	Ⅱ	Ⅱ	Ⅲ
两家子水文站	Ⅱ	Ⅰ	Ⅱ	劣Ⅴ	Ⅱ	Ⅱ	Ⅱ	Ⅱ	Ⅱ	Ⅱ	Ⅱ	Ⅱ
乌塔其农场	Ⅱ	Ⅱ	Ⅱ	Ⅲ	Ⅱ	Ⅲ	Ⅱ	Ⅱ	Ⅱ	Ⅱ	Ⅱ	Ⅲ
莫呼渡口	Ⅱ	Ⅲ	Ⅱ	劣Ⅴ	Ⅲ	Ⅲ	Ⅱ	Ⅱ	Ⅲ	Ⅱ	Ⅱ	Ⅲ
江桥	Ⅱ	Ⅱ	Ⅱ	劣Ⅴ	Ⅲ	Ⅲ	Ⅲ	Ⅱ	Ⅱ	Ⅱ	Ⅱ	Ⅱ
浩特营子	Ⅲ	Ⅲ	Ⅲ	Ⅲ	Ⅲ	Ⅱ	Ⅱ	Ⅱ	Ⅱ	Ⅱ	Ⅱ	Ⅲ
林海	Ⅲ	Ⅲ	Ⅲ	Ⅲ	Ⅲ	Ⅱ	Ⅲ	Ⅱ	Ⅱ	Ⅱ	Ⅱ	Ⅱ
白沙滩	Ⅲ	Ⅲ	Ⅱ	劣Ⅴ	Ⅲ	Ⅲ	Ⅲ	Ⅱ	Ⅲ	Ⅲ	Ⅲ	Ⅲ
大安	Ⅲ	Ⅱ	Ⅲ	劣Ⅴ	Ⅳ	Ⅲ	Ⅱ	Ⅲ	Ⅲ	Ⅲ	Ⅲ	Ⅲ
塔虎城渡口	Ⅱ	Ⅱ	Ⅲ	劣Ⅴ	Ⅲ	Ⅲ	Ⅲ	Ⅲ	Ⅴ	Ⅲ	Ⅲ	Ⅱ
马克图	Ⅲ	Ⅲ	Ⅲ	Ⅲ	Ⅲ	Ⅲ	Ⅲ	Ⅱ	Ⅲ	Ⅲ	Ⅲ	Ⅲ

续表

断面	1月	2月	3月	4月	5月	6月	7月	8月	9月	10月	11月	12月
龙头堡	Ⅱ	Ⅱ	Ⅱ	Ⅴ	Ⅲ	Ⅲ	Ⅲ	Ⅱ	劣Ⅴ	Ⅲ	Ⅲ	Ⅱ
松林	Ⅲ	Ⅲ	Ⅲ	Ⅲ	Ⅲ	Ⅲ	Ⅲ	Ⅲ	Ⅲ	Ⅲ	Ⅲ	Ⅲ
下岱吉	Ⅲ	Ⅲ	Ⅲ	Ⅲ	Ⅲ	Ⅲ	Ⅲ	Ⅲ	Ⅳ	Ⅲ	Ⅲ	Ⅲ
88号照	Ⅲ	Ⅲ	Ⅲ	Ⅲ	Ⅲ	Ⅲ	Ⅲ	Ⅱ	Ⅳ	Ⅲ	Ⅲ	Ⅲ
肖家船口	Ⅲ	Ⅲ		Ⅲ	Ⅱ	Ⅱ	Ⅲ	Ⅱ	Ⅱ	Ⅲ	Ⅲ	Ⅲ
和平桥	Ⅲ	Ⅲ	Ⅳ	Ⅲ	Ⅲ	Ⅱ	Ⅲ	Ⅱ	Ⅲ	Ⅲ	Ⅲ	Ⅲ
向阳	Ⅱ	Ⅱ	Ⅲ	Ⅲ	Ⅲ	Ⅱ	Ⅲ	Ⅱ	Ⅱ	Ⅲ	Ⅲ	Ⅲ
振兴	Ⅲ	Ⅲ	Ⅲ	Ⅲ	Ⅲ	Ⅱ	Ⅲ	Ⅱ	Ⅲ	Ⅲ	Ⅲ	Ⅲ
牛头山大桥	Ⅲ	Ⅲ	Ⅲ	Ⅲ	Ⅲ	Ⅲ	Ⅲ	Ⅲ	Ⅲ	Ⅳ	Ⅲ	Ⅲ
蔡家沟	Ⅲ	Ⅲ	Ⅲ	Ⅲ	Ⅳ	Ⅲ	Ⅲ	Ⅱ	Ⅲ	Ⅲ	Ⅲ	Ⅲ
板子房	Ⅲ	Ⅲ	Ⅲ	Ⅳ	Ⅲ	Ⅲ	Ⅲ	Ⅲ	Ⅲ	Ⅲ	Ⅲ	Ⅲ
牤牛河大桥	Ⅲ	Ⅱ	Ⅲ	Ⅲ	Ⅲ	Ⅲ	Ⅳ	Ⅲ	Ⅲ	Ⅲ	Ⅲ	Ⅲ
龙家亮子	劣Ⅴ	劣Ⅴ	劣Ⅴ	劣Ⅴ	劣Ⅴ	劣Ⅴ	Ⅴ	劣Ⅴ	Ⅳ	劣Ⅴ	劣Ⅴ	劣Ⅴ
牡丹江1号桥	Ⅲ	Ⅱ	Ⅱ	Ⅳ	Ⅱ	Ⅲ	Ⅲ	Ⅳ	Ⅲ	Ⅱ	Ⅱ	Ⅱ
同江	Ⅲ	Ⅲ	Ⅲ	Ⅲ	Ⅲ	Ⅲ	Ⅳ	Ⅲ	Ⅲ	Ⅲ	Ⅲ	Ⅲ

注：空白处为断面断流。

3.2　汛期水质评价结果

1. 松花江流域省界缓冲区汛期水质达标情况

2017年6～9月，由于断流的断面有6个，实际参与评价断面45个，评价指标21项。按照单因子评价的方法，除龙头堡断面以Ⅱ类水为水质目标外，其余断面均以Ⅲ类水为水质目标，汛期都达标的断面有25个，达标率为56%。有1个月不达标的断面有14个；有2个月不达标的断面有1个，是石灰窑断面；有3个月不达标的断面有2个，分别是嫩江浮桥断面和龙头堡断面，且二者都不达标的月份均为6月和9月，其中嫩江浮桥断面主要超标项目为高锰酸盐指数，龙头堡断面主要超标项目为高锰酸盐指数；龙家亮子断面汛期4个月均不达标，主要超标项目为总磷、溶解氧、氨氮和五日生化需氧量。

2. 超标水功能区汛期水质状况分析

情况一：汛期中仅1个月不达标的断面

汛期中仅1个月不达标的断面有繁荣新村、古城子、萨马街、兴鲜、新发、大河、二节地、金蛇湾码头、东明、苗家堡子、塔虎城渡口、下岱吉、88 号照、牡丹江 1 号桥 14 个断面，超标项目及超标倍数如表 3-2 所示。

表 3-2　汛期仅 1 个月不达标断面及超标项目

不达标断面	不达标月份	超标项目及超标倍数
繁荣新村	9 月	化学需氧量（0.75）
古城子	7 月	总磷（0.20）、溶解氧
萨马街	7 月	总磷（0.20）
兴鲜	7 月	总磷（0.15）
新发	7 月	总磷（0.05）
大河	7 月	总磷（0.25）
二节地	7 月	总磷（0.35）
金蛇湾码头	7 月	总磷（0.10）
东明	7 月	总磷（0.20）
苗家堡子	7 月	总磷（0.35）
塔虎城渡口	9 月	总磷（0.60）
下岱吉	9 月	总磷（0.45）
88 号照	9 月	总磷（0.15）
牡丹江 1 号桥	8 月	总磷（0.40）

情况二：汛期中有 2 个月不达标的断面

汛期中有 2 个月不达标的断面有石灰窑，超标项目及超标倍数如表 3-3 所示。

表 3-3　汛期有 2 个月不达标断面及超标项目

不达标断面	不达标月份	超标项目及超标倍数
石灰窑	6 月	高锰酸盐指数（0.07）
	9 月	高锰酸盐指数（0.82）

情况三：汛期中有 3 个月不达标的断面

汛期中有 3 个月不达标的断面有嫩江浮桥和龙头堡，超标项目及超标倍数如表 3-4 所示。

表 3-4　汛期有 3 个月不达标断面及超标项目

不达标断面	不达标月份	超标项目及超标倍数
嫩江浮桥	6 月	高锰酸盐指数（0.35）
	8 月	高锰酸盐指数（0.15）
	9 月	高锰酸盐指数（0.27）
龙头堡	6 月	高锰酸盐指数（0.1）
	7 月	高锰酸盐指数（0.1）
	9 月	高锰酸盐指数（3.4）

汛期不达标断面情况详见表 3-5。

表 3-5　汛期不达标断面情况

不达标断面名称	6 月	7 月	8 月	9 月
繁荣新村	达标	达标	达标	不达标
古城子	达标	不达标	达标	达标
萨马街	达标	不达标	达标	达标
兴鲜	达标	不达标	达标	达标
新发	达标	不达标	达标	达标
大河	达标	不达标	达标	达标
二节地	达标	不达标	达标	达标
金蛇湾码头	达标	不达标	达标	达标
东明	达标	不达标	达标	达标
苗家堡子	达标	不达标	达标	达标
塔虎城渡口	达标	达标	达标	不达标
下岱吉	达标	达标	达标	不达标
88 号照	达标	达标	达标	不达标
牡丹江 1 号桥	达标	达标	不达标	达标
石灰窑	不达标	达标	达标	不达标
龙头堡	不达标	不达标	达标	不达标
嫩江浮桥	不达标	达标	不达标	不达标
龙家亮子	不达标	不达标	不达标	不达标

3.3　非汛期水质评价结果

1. 松花江流域省界缓冲区非汛期水质达标情况

2017 年 1～5 月、10～12 月，由于有 6 个断面断流，实际参与评价断面 45 个，评价指标 21 项。非汛期都达标的断面有 23 个，达标率为 51%。有 1 个月不达标的断面有 19 个；有 2 个月不达标的断面有 1 个，断面是大安；有多个月不达标的断面是龙头堡（超标项目为总磷和高锰酸盐指数）、龙家亮子（超标项目为溶解氧、氨氮、总磷、高锰酸盐指数、五日生化需氧量、挥发酚、化学需氧量）。

2. 超标水功能区非汛期水质状况分析

情况一：仅 1 个月不达标的断面

如表 3-6 所示，非汛期仅 1 个月不达标的断面有石灰窑、古城子、兴鲜、新发、大河、二节地、金蛇湾码头、苗家堡子、原种场、两家子水文站、莫呼渡口、江桥、白沙滩、塔虎城渡口、和平桥、牛头山大桥、蔡家沟、板子房、牡丹江 1 号桥 19 个断面。

表 3-6　非汛期仅 1 个月不达标断面及超标项目

不达标断面	不达标月份	超标项目及超标倍数
石灰窑	5 月	高锰酸盐指数（0.10）
古城子	10 月	总磷（0.35）
兴鲜	10 月	总磷（0.15）
新发	10 月	总磷（0.60）
大河	10 月	总磷（0.70）
二节地	10 月	总磷（0.15）
金蛇湾码头	10 月	总磷（0.05）
苗家堡子	10 月	总磷（0.05）
原种场	4 月	总磷（0.50）
两家子水文站	4 月	总磷（5.50）
莫呼渡口	4 月	总磷（2.10）
江桥	4 月	总磷（1.40）
白沙滩	4 月	总磷（8.65）

续表

不达标断面	不达标月份	超标项目及超标倍数
塔虎城渡口	4月	总磷（1.45）
和平桥	3月	氨氮（0.33）
牛头山大桥	10月	总磷（0.35）
蔡家沟	5月	五日生化需氧量（0.05）
板子房	4月	总磷（0.45）
牡丹江1号桥	4月	氨氮（0.12）

情况二：非汛期中有2个月不达标的断面

非汛期中有2个月水质情况不达标的断面是大安，不达标月份为4月和5月。

4月份超标项目及超标倍数为总磷（4.95）。

5月份超标项目及超标倍数为高锰酸盐指数（0.07）。

情况三：非汛期中有多个月不达标的断面

非汛期中龙头堡断面有4个月出现超标项目。

4月份超标项目及超标倍数为总磷（2.60）、高锰酸盐指数（0.15）。

5月份超标项目及超标倍数为总磷（0.90）。

10月份超标项目及超标倍数为总磷（0.20）。

11月份超标项目及超标倍数为总磷（0.20）。

除此之外，龙家亮子断面有8个月出现超标项目。

1月份超标项目及超标倍数为溶解氧、氨氮（4.31）、五日生化需氧量（1.20）、总磷（1.20）、高锰酸盐指数（0.13）。

2月份超标项目及超标倍数为溶解氧、氨氮（8.36）、五日生化需氧量（0.83）、化学需氧量（0.82）、总磷（0.75）、挥发酚（0.30）。

3月份超标项目及超标倍数为溶解氧、总磷（1.55）、五日生化需氧量（0.55）、氨氮（0.16）、挥发酚（0.10）。

4月份超标项目及超标倍数为溶解氧、氨氮（5.40）、总磷（1.55）、高锰酸盐指数（0.31）、五日生化需氧量（0.23）。

5月份超标项目及超标倍数为溶解氧、氨氮（4.72）、五日生化需氧量（1.38）、化学需氧量（0.95）、总磷（0.85）。

10月份超标项目及超标倍数为溶解氧、总磷（1.90）、氨氮（0.43）、五日生化需氧量（0.30）。

11 月份超标项目及超标倍数为溶解氧、氨氮（7.37）、总磷（0.85）、五日生化需氧量（0.35）、高锰酸盐指数（0.19）。

12 月份超标项目及超标倍数为溶解氧、氨氮（7.37）、总磷（0.85）、五日生化需氧量（0.35）、高锰酸盐指数（0.19）。

非汛期不达标断面情况详见表 3-7。

表 3-7　非汛期不达标断面情况

断面名称	1 月	2 月	3 月	4 月	5 月	10 月	11 月	12 月
石灰窑	达标	达标	达标	达标	不达标	达标	达标	达标
古城子	达标	达标	达标	达标	达标	不达标	达标	达标
兴鲜	达标	达标	达标	达标	达标	不达标	达标	达标
新发	达标	达标	达标	达标	达标	不达标	达标	达标
大河	达标	达标	达标	达标	达标	不达标	达标	达标
二节地	达标	达标	达标	达标	达标	不达标	达标	达标
金蛇湾码头	达标	达标	达标	达标	达标	不达标	达标	达标
苗家堡子	达标	达标	达标	达标	达标	不达标	达标	达标
原种场	达标	达标	达标	不达标	达标	达标	达标	达标
两家子水文站	达标	达标	达标	不达标	达标	达标	达标	达标
莫呼渡口	达标	达标	达标	不达标	达标	达标	达标	达标
江桥	达标	达标	达标	不达标	达标	达标	达标	达标
白沙滩	达标	达标	达标	不达标	达标	达标	达标	达标
塔虎城渡口	达标	达标	达标	不达标	达标	达标	达标	达标
和平桥	达标	达标	不达标	达标	达标	达标	达标	达标
牛头山大桥	达标	达标	达标	达标	达标	不达标	达标	达标
蔡家沟	达标	达标	达标	达标	不达标	达标	达标	达标
板子房	达标	达标	达标	不达标	达标	达标	达标	达标
牡丹江 1 号桥	达标	达标	达标	不达标	达标	达标	达标	达标
大安	达标	达标	达标	不达标	不达标	达标	达标	达标
龙头堡	达标	达标	达标	不达标	不达标	不达标	不达标	达标
龙家亮子	不达标	不达标	不达标	不达标	不达标	不达标	不达标	不达标

3.4　水质趋势检验分析

3.4.1　Mann-Kendall 趋势检验分析的操作步骤

本次检验使用了 Excel 安装 XLSTAT 插件，操作简单。操作步骤如下。

（1）Excel 安装 XLSTAT 插件（图 3-1）。

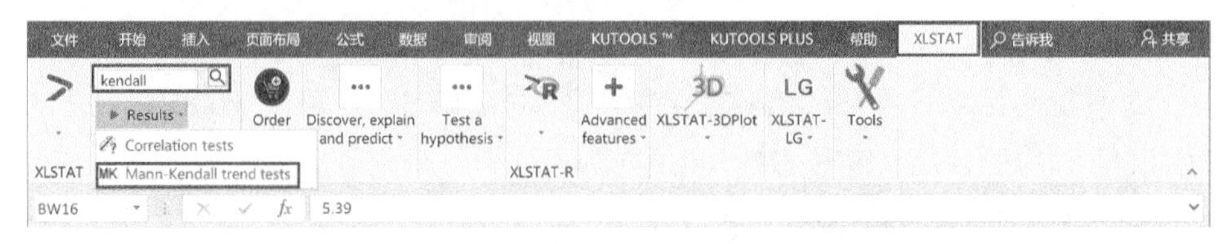

图 3-1　Excel 安装 XLSTAT 插件

（2）在 Excel 中准备好需要分析的时间序列。

（3）在 Excel 上方工具栏里选择“XLSTAT”，并在左方搜索栏输入“kendall”，找到“Mann-Kendall trend tests”。

（4）如图 3-2 所示，点击上方方框按钮选择一列或多列要分析的数据，下方选择是否考虑季节性。

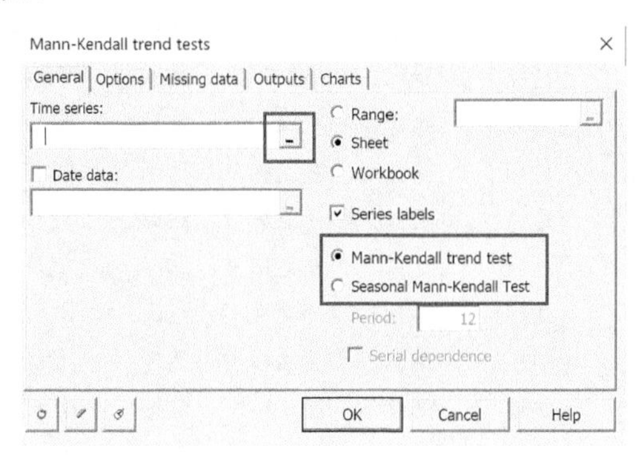

图 3-2　Excel 中的 Mann-Kendall 检验法

（5）如图 3-3 所示，在“Options”选项中选择备选假设 H_0、置信度（图中置信度是 95%）。

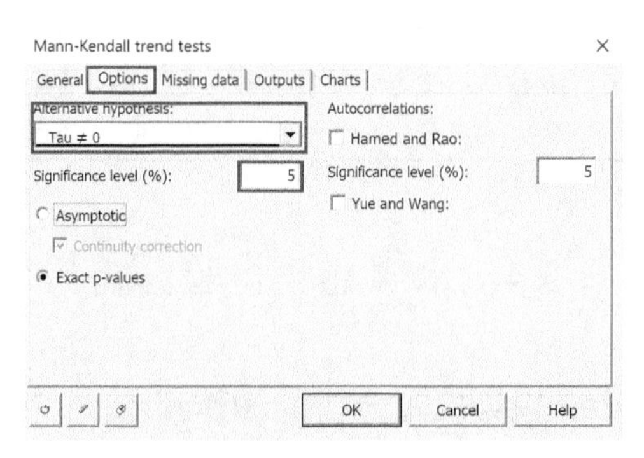

图 3-3　趋势分析检验法中的置信度

（6）点击“OK”，并在接下来的确认窗口单机“continue”，稍等后结果会出现在一张工作表中，如选择多列则依次显示并在最后显示 p 值统计表。

3.4.2 高锰酸盐指数的趋势分析

1. 增长趋势

经检验，基于 2014～2018 年松花江流域省界缓冲区 44 个断面的监测数据，6 个断面的高锰酸盐指数有增长趋势，参见表 3-8。

表 3-8　高锰酸盐指数增长趋势断面

序号	断面名称	趋势检验	增长趋势检验
1	尼尔基大桥	0.870	0.009
2	鄂温克族乡	0.906	0.015
3	苗家堡子	< 0.0001	0.160
4	莫呼渡口	0.016	0.284
5	江桥	< 0.0001	0.357
6	龙家亮子	0.063	0.027

2. 下降趋势

经检验，松花江流域省界缓冲区 10 个断面的高锰酸盐指数有下降趋势，参见表 3-9。

表 3-9　高锰酸盐指数下降趋势断面

序号	断面名称	趋势检验	下降趋势检验
1	石灰窑	0.184	0.031
2	二节地	< 0.0001	0.186
3	金蛇湾码头	0.004	0.510
4	东明	0.030	0.716
5	两家子水文站	0.017	0.037
6	浩特营子	0.113	0.022
7	白沙滩	0.016	0.004
8	塔虎城渡口	0.141	0.045
9	振兴	0.021	0.004
10	同江	0.002	0.002

3. 无趋势变化

经检验，松花江流域省界缓冲区 28 个断面的高锰酸盐指数无明显上升或下降趋势变化。综上所述，有 6 个断面呈现增长趋势变化；有 10 个断面呈现下降趋势变化；有 28 个断面无趋势变化。

3.5 本章小结

目前，流域水质评价采用基本、重要、广泛的方法依然是单因子评价法，具有方法简单、易学易懂、操作性强等优点，依然具有普遍的应用价值。采用水质单因子评价法，直观地掌握松花江流域省界缓冲区水质（全年、汛期及非汛期）的情况，确定了断面达标或超标情况，为提升省界缓冲区的监督管理工作提供了有效的技术支撑。另外，通过 Mann-Kendall 检验法检验可知，关于高锰酸盐指数的趋势分析，有 6 个断面呈现正趋势变化，有 10 个断面呈现负趋势变化，有 28 个断面无趋势变化。由此可见，松花江流域水质有改善的趋势，但不显著。

第4章　主成分分析法

主成分分析法是利用降维的思想来简化统计分析，将多个系统的数据逐步转换到一个新的坐标系统中，分别把所有数据投影的第一、二大方差落在第一、二个坐标上，称之为第一、二主成分，并以此类推。该方法具有含有较少数据集的维数，同时保持数据集的对方差贡献最大不发生变化的特征，这一特点的主要原因是保持低阶主成分不变，从而完整地保留了数据的真实性，逐渐降低高阶主成分。主成分分析法把原始指标中的绝大部分方差以少数的几个主成分体现，各成分之间不具有相关性，在最大限度保留原数据的前提下，利用高维变量的降维，可达到对总体进行综合评价的目的。

4.1　主成分分析法在水质评价中的应用

主成分分析法可以反映出水体的污染程度，主要污染物的类别、来源、成因、时空分布规律以及变化趋势，定量、定性地了解河流水质的动态变化，比较不同断面、不同时期的水质状况。《地表水环境质量标准》（GB 3838—2002）中所规定的水质监测指标共有 109 项，为实现对水质监测指标的优化，需先将水质监测指标分为必测项目、优化频率必测项目和选测项目不同类型。

经过简单的筛选后得到 13 项常规理化指标因子，本章选用 2017 年松花江流域省界缓冲区内 51 个水质监测断面的 13 项常规指标因子（pH、溶解氧、高锰酸盐指数、化学需氧量、五日生化需氧量、氨氮、总磷、铜、锌、氟化物、硒、砷、粪大肠菌群）的监测数据作为元数据，利用 SPSS 23.0 软件对水质监测指标进行主成分分析，从而得到维度较少的几个因子，实现优化水质监测指标。

4.2　监测数据标准化处理

由于不同的水质监测指标在量纲和单位数量级及浓度尺度上存在一定的差异，需对元数据进行标准化处理。对数据进行标准化处理过程是将同一指标的水质监测数据减去其均值后，所得结果除以该组监测数据的标准差来实现。

将松花江流域的 51 个断面按照全年、汛期（6～9 月）、非汛期（1～5 月、10～12 月）进行分类。用 SPSS 23.0 软件分析后可以得出的原始变量的描述性结果输出如表 4-1 所示，该表中包含原始变量的统计结果，包括元数据的平均值、标准偏差以及分析个案数，51 个监测断面中 pH、溶解氧、高锰酸盐指数等 13 项水质指标的水质监测数据的结果。

表 4-1　描述统计量

指标	平均值	标准偏差	分析个案数
pH	7.9100	0.42233	51
溶解氧	8.1176	1.43822	51
高锰酸盐指数	3.4746	1.68967	51
化学需氧量	14.44870	5.637755	51
五日生化需氧量	1.61522	1.148132	51
氨氮	0.37874	0.352359	51
总磷	0.1383	0.07535	51
铜	0.00383	0.002727	51
锌	0.008346	0.0150632	51
氟化物	0.26109	0.214364	51
硒	0.0002826	0.00005698	51
砷	0.002248	0.0013147	51
粪大肠菌群	979.24	2627.046	51

根据标准化后的数据可以得出相关系数矩阵。从表 4-2 相关系数矩阵中可以看出，各项指标之间的大部分相关系数很多大于 0.3，这一结果表明，各变量之间是存在着较强的直接相关性，证明各指标之间有一定的重叠，某项指标至少与其他的一个指标之间存在着较强的相关性，表明这些原始变量适合做因子分析。

表 4-2 相关系数矩阵

	pH	溶解氧	高锰酸盐指数	化学需氧量	五日生化需氧量	氨氮	总磷	铜	锌	氟化物	硒	砷	粪大肠菌群
pH	1.000												
溶解氧	0.328	1.000											
高锰酸盐指数	−0.207	−0.442	1.000										
化学需氧量	−0.223	−0.359	0.927	1.000									
五日生化需氧量	−0.132	−0.294	0.865	0.862	1.000								
氨氮	−0.171	−0.251	0.710	0.681	0.766	1.000							
总磷	−0.107	−0.138	0.629	0.595	0.685	0.888	1.000						
铜	0.126	0.069	0.012	0.040	0.032	0.011	−0.040	1.000					
锌	−0.348	−0.241	0.328	0.228	0.081	0.171	0.098	0.199	1.000				
氟化物	0.133	−0.216	0.354	0.292	0.222	0.098	0.008	0.233	0.028	1.000			
硒	−0.004	0.377	−0.324	−0.336	−0.225	0.037	0.061	−0.106	−0.037	0.054	1.000		
砷	0.155	−0.025	0.241	0.240	0.303	0.344	0.418	0.281	−0.041	−0.179	0.003	1.000	
粪大肠菌群	0.384	−0.033	−0.013	0.039	−0.087	−0.155	−0.180	−0.039	0.139	0.372	0.721	0.021	1.000

在用 SPSS 23.0 软件做主成分分析时，通常需要对所收集的数据做 KMO（Kaiser-Meyer-Olkin）检验和 Bartlett 球形检验来判断元数据是否符合主成分分析条件。KMO 检验统计量以各变量间的简单相关系数和偏相关系数的大小为依据来判断各变量间的相关性的大小，取值范围一般在 0 和 1 之间。一般情况下，KMO 度量标准数值越接近 1，表明变量间的相关性越强，说明该组数据越适合做主成分分析；若数值小于 0.5，则说明该数据不适合做主成分分析。

Bartlett 球形检验是检验相关矩阵是否是单位矩阵的一个重要检测指标，即判断各变量之间是否独立，并以变量的相关系数矩阵为依据做出零假设，即相关系数矩阵是一个单位矩阵。其统计量数值的大小对结果产生的影响极大，若数值较大的同时对应的相伴概率值小于事先给定的显著性水平，则认为应该拒绝零假设；不然，则认为是接受零假设的，将相关系数矩阵理解成可能是一个单位矩阵，不适合做因子分析。若假设是被接受的，则说明这些变量间是可能各自独立提供一些信息的，不存在公因子，适合做主成分分析。

从表 4-3 可以看出，KMO 的测量值为 0.740，明显大于 0.500，表明该组数据是适合做因子分析的。Bartlett 球形检验的显著性为 0.000，小于 0.050，即拒绝原假设相关系数矩阵为单位矩阵，说明变量之间存在着相关性，同样表明该组数据适合进行因子分析。

表 4-3　KMO 和 Bartlett 球形检验测量值

	Bartlett 球形检验	KMO 测量值
近似卡方	386.248	
自由度 df	91	0.740
显著性 sig	0.000	

4.3　特征值及方差贡献

特征值大小是表征矩阵正交化之后所对应特征向量对于整个矩阵的贡献程度，是主成分影响力程度大小的指标，当特征值小于 1，表示该主成分的解释力度还不如直接引入原始变量的平均解释力度大，因此，考虑将特征值大于 1 纳入标准。而累积贡献率指的是因子对原始变量的解释程度的大小。由表 4-4 可知，通过主成分分析法提取了四个主成分，即 m=4。其中四个主成分的累积贡献率达到了 74.729%，表明这四个主成分可完全代替原 13 项指标。

表 4-4　解释的累积贡献　　（单位：%）

成分	初始特征值			提取载荷平方和			旋转载荷平方和
	总计	方差百分比	累积百分比	总计	方差百分比	累积百分比	总计
1	5.702	40.729	40.729	5.702	40.729	40.729	5.403
2	1.928	13.775	54.504	1.928	13.775	54.504	2.069
3	1.670	11.930	66.433	1.670	11.930	66.433	1.686
4	1.161	8.296	74.729	1.161	8.296	74.729	1.304
5	0.896	6.399	81.128				
6	0.660	4.717	85.845				
7	0.563	4.018	89.864				
8	0.271	1.933	95.057				
9	0.234	1.669	96.725				
10	0.185	1.323	98.048				
11	0.120	0.860	98.909				
12	0.093	0.666	99.575				
13	0.060	0.425	100.000				

4.4　主成分载荷及主成分得分表

表 4-5 是最终的因子载荷矩阵，通过对前面因子分析的数学模型部分的比较分析，可得到的因子模型为 $X=AF+a\varepsilon$（F 为因子变量或公共因子；A 为因子载荷矩阵；a 为因子载荷；ε 为特殊因子）。采用前面所设定的方差极大法可对因子载荷矩阵旋转，其结果如表 4-6 所示。主成分载荷矩阵的每一列载荷值表示的是各个变量与有关主成分相关性的大小，用相关系数表示，其系数的绝对值越接近 1，代表该成分越可以充分代表主成分的性质。而尚未经过旋转的载荷矩阵的因子变量均表现为较高的载荷。

表 4-5　成分矩阵

指标	成分			
	1	2	3	4
pH	−0.223	0.333	0.686	0.376
溶解氧	−0.402	0.556	0.030	0.359
高锰酸盐指数	0.904	−0.232	0.109	−0.031
化学需氧量	0.865	−0.199	0.150	−0.082
五日生化需氧量	0.885	0.012	0.176	−0.083
氨氮	0.925	0.283	−0.137	0.038
总磷	0.838	0.392	−0.089	−0.021
铜	0.024	−0.018	0.160	0.628
锌	0.280	−0.521	−0.499	0.436
氟化物	0.282	−0.551	0.290	0.441
硒	−0.198	0.568	−0.557	0.253
砷	0.339	0.430	0.372	−0.175
粪大肠菌群	0.796	0.272	−0.189	0.180

表 4-6　旋转成分矩阵

指标	成分			
	1	2	3	4
pH	−0.133	−0.865	−0.026	0.123
溶解氧	−0.628	−0.265	−0.082	−0.053
高锰酸盐指数	0.838	0.322	−0.100	0.050
化学需氧量	0.773	0.385	−0.169	−0.029
五日生化需氧量	0.817	0.045	0.232	−0.088
氨氮	0.552	0.498	0.435	−0.256
总磷	0.032	−0.134	0.858	−0.230
铜	0.104	0.002	−0.157	0.835
锌	0.012	0.778	−0.062	0.369
氟化物	0.755	−0.066	−0.215	0.016
硒	−0.884	0.169	0.243	−0.076
砷	0.071	−0.246	−0.637	−0.559
粪大肠菌群	0.898	−0.079	0.224	0.079

那么从经过旋转之后的成分矩阵可以看出，第一主成分上总磷、化学需氧量和五日生化需氧量所占的载荷较大，即与第一主成分的相关系数高；第二主成分上锌、氨氮占有较高的载荷；而在第三主成分上总磷所占的载荷较高；第四主成分上铜所占的载荷较高。通过上面分析可以看出，提取的以上四个主成分可以基本反映全部指标的信息，所以为了实现水质监测指标的优化，可以考虑用铜、锌、化学需氧量、五日生化需氧量、氨氮、总磷和砷 7 项水质监测指标来代表原来的 13 项水质指标。

4.5　水质监测指标优化结果

如表 4-7 所示，将松花江流域省界缓冲区的水质监测指标主成分分析工作分为全年、汛期（6～9 月）、非汛期（其余月份）来进行，可达到评价结果更加清晰的目的。

表 4-7　全年、汛期、非汛期三个时期的 13 项指标对比

指标	全年	汛期	非汛期
硒	0.003	0.003	0.003
铜	0.025	0.044	0.015
氟化物	0.230	0.266	0.015
pH	7.79	7.90	7.76
粪大肠菌群	3062	1205	3990
化学需氧量	11.98	13.42	11.27
高锰酸盐指数	3.23	3.57	3.06
溶解氧	9.86	8.27	10.66
五日生化需氧量	1.8	1.7	1.9
氨氮	0.408	0.321	0.452
总磷	0.11	0.11	0.12
砷	0.0020	0.0023	0.0019
锌	0.007	0.005	0.008

注：1. 提取方法为主成分分析法。
2. 旋转法为具有 Kaiser 标准化的正交旋转法。
3. 旋转在 6 次迭代后收敛。

通过对松花江流域省界缓冲区的水质监测数据分析，将水质监测指标划分为必测项目、频率优化后必测项目、选测项目等类型。经过简单筛选，得出 13 项常规理化指标（pH、溶解氧、高锰酸盐指数、化学需氧量、五日生化需氧量、氨氮、总磷、铜、锌、氟化物、硒、砷、粪大肠菌群），以上述指标监测值作为元数据，利用主成分分析法，借助 SPSS 23.0 软件来对水质指标进行筛选，通过计算和模拟，确定用铜、硒、化学需氧量、五日生化需氧量、氨氮、总磷和砷 7 项指标，达到对松花江流域省界缓冲区水质监测指标优化的目的。

4.6　本章小结

本章通过对松花江流域省界缓冲区水质监测数据分析，将监测指标划分为必测项目、频率优化后必测项目和选测项目等类型，经过简单筛选选出 13 项常规理

化指标（pH、溶解氧、高锰酸盐指数、化学需氧量、五日生化需氧量、氨氮、总磷、铜、锌、氟化物、硒、砷、粪大肠菌群），通过计算和模拟，确定松花江流域省界缓冲区可以考虑用铜、锌、化学需氧量、五日生化需氧量、氨氮、总磷和砷 7 项指标来代表该流域水质状况，从而实现对松花江流域省界缓冲区水质监测指标的优化。

第 5 章　物元分析法

物元分析法是研究解决矛盾问题规律的方法，它可以将复杂问题抽象为形象化的模型，并应用这些模型研究基本理论，提出相应的评价结果。利用物元分析法，可以建立事物多指标性能参数的质量评定模型，并能以定量的数值表示评定结果，从而能够较完整地反映事物质量的综合水平（蔡文，1994）。在水质评价领域，应用物元分析法对水质进行综合评价的基本思想是：根据各水质指标和水质类别的浓度限值，建立经典域物元矩阵；根据各水质指标的实测浓度建立节域物元矩阵，然后建立各水质指标对不同水质类别的关联函数，根据其值大小确定水体的综合水质类别。

5.1　概　　述

物元分析理论包括物元理论和可拓集合两部分：基于物元理论，建立反映事物名称、特征和量值的物元，应用物元变换，化矛盾问题为相容问题；基于可拓集合，把解决矛盾问题的过程定量化，建立解决矛盾问题的过程定量化的数学工具。基于物元分析理论的综合水质评价步骤是：建立物元模型，包括各水质类别的经典域物元矩阵、各水质指标最大值的节域物元矩阵、评价样本的待评物元矩阵；计算各水质指标对各水质类别的关联度，确定各水质指标对各水质类别的权重，计算综合水质对各水质类别的关联度；基于综合关联度判断综合水质类别（何敏等，2013）。

1. 物元的确定

物元理论以有序三元组 $R_M=(M,c,v)$ 作为描述事物的基本单元，称 $R_M=(M,c,v)$ 为物元。其中，M 表示事物，c 表示事物的特征，v 表示量值。在水环境水质综合评价中，需要确定三个物元集，分别是经典域物元矩阵、节域物元矩阵、待评物元矩阵。

经典域物元矩阵：

$$R_j = \begin{bmatrix} & c_1 & v_{1j} \\ M_j & c_2 & v_{2j} \\ & \vdots & \vdots \\ & c_n & v_{nj} \end{bmatrix} \tag{5-1}$$

节域物元矩阵：

$$R_p = \begin{bmatrix} & c_1 & v_{1p} \\ M_p & c_2 & v_{2p} \\ & \vdots & \vdots \\ & c_n & v_{np} \end{bmatrix} \tag{5-2}$$

待评物元矩阵：

$$R_0 = \begin{bmatrix} & c_1 & v_1 \\ M_0 & c_2 & v_2 \\ & \vdots & \vdots \\ & c_n & v_n \end{bmatrix} \tag{5-3}$$

式中，R_j、R_p、R_0——第 j 个水质类别的经典域物元矩阵、所有水质类别构成的节域物元矩阵、待评物元矩阵；

c_i——第 i 项水质指标；

v_{ij}、v_{ip}、v_i——第 i 项水质指标第 j 类水质的取值范围、第 i 项水质指标总体指标取值范围、第 i 项指标实测值。

2. 计算权重系数

确定各水质指标对各水质类别的权重，计算综合水质对各水质类别的关联度。为了使权重系数更符合实际情况，需要对原始数据进行标准化处理。

$$a_{ij} = \frac{v_{ij}}{\sum_{i=1}^{n} v_{ij}} \tag{5-4}$$

式中，a_{ij}——各水质指标对各水质类别的权重。

3. 水质类别的确定

求总关联度：

$$K_j(M)=\sum_{i=1}^{n}a_{ij}K_j(v_i) \tag{5-5}$$

当 $K_j(M)\geqslant 0$ 时，完全符合被评价的类别，最大值对应的水质类别即水质评价结果；当 $-1\leqslant K_j(M)<0$ 时，基本符合被评价的类别，最大值对应的水质类别即水质评价结果；当 $K_j(M)<-1$ 时，不符合，为劣Ⅴ类水质。

5.2　物元分析法的应用

5.2.1　选取监测样本

选取松花江流域省界缓冲区水质监测断面 44 个，见表 5-1。

表 5-1　松花江流域省界缓冲区选取断面

序号	断面名称	序号	断面名称	序号	断面名称	序号	断面名称
1	加西	12	萨马街	23	江桥	34	肖家船口
2	白桦下	13	兴鲜	24	浩特营子	35	和平桥
3	柳家屯	14	新发	25	林海	36	向阳
4	石灰窑	15	大河	26	白沙滩	37	振兴
5	嫩江浮桥	16	二节地	27	大安	38	牛头山大桥
6	繁荣新村	17	金蛇湾码头	28	塔虎城渡口	39	蔡家沟
7	尼尔基大桥	18	东明	29	马克图	40	板子房
8	小莫丁	19	原种场	30	龙头堡	41	牤牛河大桥
9	拉哈	20	两家子水文站	31	松林	42	龙家亮子
10	鄂温克族乡	21	乌塔其农场	32	下岱吉	43	牡丹江 1 号桥
11	古城子	22	莫呼渡口	33	88 号照	44	同江

根据实际监测的水质数据，选取化学需氧量、五日生化需氧量、氨氮、总磷、铜共 5 项水质指标作为松花江流域省界缓冲区水质评价指标。为了更全面地体现 2015 年间 44 个水质断面的水质变化情况，选取两个特征明显的时间节点作为水质评价节点：冰封期与非冰封期。冰封期选取 1、2 月数据均值，非冰封期选取 6、7、8 月数据均值，分别对松花江流域省界缓冲区冰封期与非冰封期水质进行分析，如表 5-2、表 5-3 所示。

表 5-2　冰封期水质实测数据均值　（单位：mg/L）

断面	化学需氧量	五日生化需氧量	氨氮	总磷	铜
加西	10.000	1.500	0.061	0.025	0.000
白桦下	10.000	1.500	0.077	0.015	0.000
柳家屯	10.250	2.000	0.373	0.060	0.009
石灰窑	12.500	1.700	0.140	0.020	0.000
嫩江浮桥	10.000	2.000	0.639	0.045	0.009
繁荣新村	10.000	2.000	0.612	0.085	0.009
尼尔基大桥	17.950	2.300	0.448	0.080	0.009
小莫丁	14.900	2.300	0.241	0.045	0.009
拉哈	10.000	2.050	0.729	0.045	0.009
鄂温克族乡	16.500	2.350	0.315	0.045	0.000
古城子	10.000	2.000	0.368	0.035	0.009
萨马街	10.000	1.750	0.084	0.040	0.000
兴鲜	10.000	2.000	0.730	0.025	0.009
新发	10.000	2.000	0.495	0.030	0.009
大河	11.500	1.450	0.140	0.020	0.000
二节地	10.000	2.000	0.671	0.130	0.009
金蛇湾码头	10.000	2.000	0.549	0.110	0.009
东明	10.000	2.000	0.700	0.020	0.009
原种场	10.000	1.550	0.084	0.040	0.000
两家子水文站	12.770	3.664	0.196	0.041	0.050
乌塔其农场	10.000	1.100	0.142	0.030	0.000
莫呼渡口	14.500	1.700	0.670	0.035	0.000
江桥	13.000	2.450	0.660	0.040	0.000
浩特营子	13.650	3.215	0.654	0.086	0.050
林海	11.720	2.815	0.828	0.079	0.050
白沙滩	21.820	3.654	1.218	0.045	0.050
大安	17.350	3.100	0.716	0.070	0.009
塔虎城渡口	17.640	3.346	0.931	0.043	0.050
马克图	14.350	2.600	1.387	0.110	0.009
龙头堡	10.000	2.100	0.100	0.012	0.008
松林	16.100	2.850	2.194	0.170	0.009
下岱吉	20.160	3.917	1.594	0.071	0.050
88 号照	13.000	1.350	0.867	0.080	0.000
肖家船口	28.422	4.131	1.490	0.295	0.005

续表

断面	化学需氧量	五日生化需氧量	氨氮	总磷	铜
和平桥	15.500	2.100	2.100	0.045	0.000
向阳	14.000	1.850	0.660	0.025	0.000
振兴	16.000	2.050	1.970	0.060	0.000
牛头山大桥	16.500	2.450	2.505	0.155	0.000
蔡家沟	11.900	2.400	1.418	0.170	0.009
板子房	10.900	2.200	1.628	0.125	0.009
牤牛河大桥	15.500	1.350	0.610	0.050	0.000
龙家亮子	30.904	6.846	11.925	0.796	0.001
牡丹江1号桥	16.500	1.650	0.290	0.025	0.000
同江	20.500	1.600	1.280	0.075	0.007

表5-3 非冰封期水质实测数据均值 （单位：mg/L）

断面	化学需氧量	五日生化需氧量	氨氮	总磷	铜
加西	20.000	1.933	0.450	0.030	0.005
白桦下	14.000	1.467	0.303	0.033	0.005
柳家屯	13.967	2.633	0.350	0.090	0.004
石灰窑	23.000	1.200	0.153	0.033	0.005
嫩江浮桥	19.033	2.600	0.251	0.060	0.021
繁荣新村	17.267	2.467	0.364	0.063	0.004
尼尔基大桥	19.067	2.200	0.492	0.103	0.018
小莫丁	21.133	2.067	0.483	0.090	0.018
拉哈	17.900	2.767	0.512	0.180	0.005
鄂温克族乡	16.667	2.300	0.393	0.047	0.005
古城子	17.233	2.667	0.174	0.133	0.025
萨马街	14.667	2.033	0.323	0.047	0.005
兴鲜	13.033	1.867	0.399	0.210	0.005
新发	13.167	1.900	0.359	0.123	0.002
大河	14.667	1.800	0.223	0.033	0.005
二节地	13.267	2.067	0.273	0.167	0.004
金蛇湾码头	14.933	1.833	0.306	0.127	0.009

续表

断面	化学需氧量	五日生化需氧量	氨氮	总磷	铜
东明	13.033	1.533	0.214	0.140	0.003
原种场	11.333	2.067	0.253	0.047	0.005
两家子水文站	15.600	2.346	0.231	0.059	0.050
乌塔其农场	14.333	2.167	0.230	0.040	0.005
莫呼渡口	16.000	1.967	0.257	0.047	0.005
江桥	18.667	2.067	0.373	0.047	0.005
浩特营子	16.900	2.448	0.238	0.044	0.050
林海	11.233	2.037	0.202	0.042	0.050
白沙滩	15.255	2.576	0.279	0.032	0.050
大安	17.400	2.433	0.314	0.240	0.004
塔虎城渡口	17.011	2.277	0.277	0.040	0.050
马克图	15.900	3.033	0.294	0.157	0.024
龙头堡	12.700	0.900	0.163	0.109	0.006
松林	17.167	3.233	0.250	0.107	0.003
下岱吉	15.133	1.959	0.367	0.034	0.050
88 号照	18.333	0.807	0.473	0.097	0.005
肖家船口	16.907	0.758	0.346	0.042	0.005
和平桥	15.667	1.667	0.600	0.057	0.005
向阳	15.000	1.100	0.563	0.060	0.005
振兴	15.333	1.533	0.680	0.117	0.005
牛头山大桥	14.667	2.423	0.730	0.167	0.005
蔡家沟	18.033	3.267	0.884	0.180	0.006
板子房	15.200	2.267	0.341	0.200	0.008
牤牛河大桥	16.333	2.000	0.561	0.117	0.005
龙家亮子	26.985	5.168	2.864	0.365	0.003
牡丹江 1 号桥	21.333	1.500	0.313	0.047	0.011
同江	20.000	1.000	0.643	0.113	0.005

5.2.2　确定物元矩阵

根据《地表水环境质量标准》(GB 3838—2002)，确定 5 项监测指标的标准值，见表 5-4。

表 5-4　水质指标评价标准　（单位：mg/L）

水质指标	Ⅰ类	Ⅱ类	Ⅲ类	Ⅳ类	Ⅴ类
化学需氧量	15	15	20	30	40
五日生化需氧量	3	3	4	6	10
氨氮	0.15	0.5	1	1.5	2
总磷	0.02	0.1	0.2	0.3	0.4
铜	0.01	1	1	1	1

则经典域物元矩阵为

$$R_1=\begin{bmatrix} & \text{COD} & (0,15) \\ & \text{BOD}_5 & (0,3) \\ \text{Ⅰ类} & \text{NH}_3\text{-N} & (0,0.15) \\ & \text{TP} & (0,0.02) \\ & \text{Cu} & (0,0.01) \end{bmatrix},\quad R_2=\begin{bmatrix} & \text{COD} & (15,15) \\ & \text{BOD}_5 & (3,3) \\ \text{Ⅱ类} & \text{NH}_3\text{-N} & (0.15,0.5) \\ & \text{TP} & (0.02,0.1) \\ & \text{Cu} & (0.01,1) \end{bmatrix}$$

$$R_3=\begin{bmatrix} & \text{COD} & (15,20) \\ & \text{BOD}_5 & (3,4) \\ \text{Ⅲ类} & \text{NH}_3\text{-N} & (0.5,1) \\ & \text{TP} & (0.1,0.2) \\ & \text{Cu} & (1,1) \end{bmatrix},\quad R_4=\begin{bmatrix} & \text{COD} & (20,30) \\ & \text{BOD}_5 & (4,6) \\ \text{Ⅳ类} & \text{NH}_3\text{-N} & (1,1.5) \\ & \text{TP} & (0.2,0.3) \\ & \text{Cu} & (1,1) \end{bmatrix} \tag{5-6}$$

$$R_5=\begin{bmatrix} & \text{COD} & (30,40) \\ & \text{BOD}_5 & (6,10) \\ \text{Ⅴ类} & \text{NH}_3\text{-N} & (1.5,2) \\ & \text{TP} & (0.3,0.4) \\ & \text{Cu} & (1,1) \end{bmatrix}$$

节域物元矩阵与待评物元矩阵本章不再一一列出。

5.2.3　计算权重系数

为计算各评价指标与各水质类别的关联度，首先比较各评价指标的实测数据均值，如表 5-5 所示。

表 5-5 评价数据比较 （单位：mg/L）

水质指标	Ⅰ类	Ⅱ类	Ⅲ类	Ⅳ类	Ⅴ类
化学需氧量	（0,15）	（15,15）	（15,20）	（20,30）	（30,40）
五日生化需氧量	（0,3）	（3,3）	（3,4）	（4,6）	（6,10）
氨氮	（0,0.15）	（0.15,0.5）	（0.5,1）	（1,1.5）	（1.5,2）
总磷	（0,0.02）	（0.02,0.1）	（0.1,0.2）	（0.2,0.3）	（0.3,0.4）
铜	（0,0.01）	（0.01,1）	（1,1）	（1,1）	（1,1）

计算得出各评价指标对Ⅰ～Ⅴ类水的关联度，如表 5-6 所示。

表 5-6 评价断面各指标对Ⅰ～Ⅴ类水的关联度

水质指标	Ⅰ类	Ⅱ类	Ⅲ类	Ⅳ类	Ⅴ类
化学需氧量	0.75	0	0.25	0.5	0.5
五日生化需氧量	0.6	0	0.2	0.4	0.8
氨氮	0.15	0.35	0.5	0.5	0.5
总磷	0.1	0.4	0.5	0.5	0.5
铜	0.02	1.98	0	0	0

根据式（5-4）、式（5-5）确定各个样品的关联度后，将水质指标数值进行标准化，利用式（5-6）确定水质指标的权重，见表 5-7。

表 5-7 各水质指标在不同水质类别的权重系数

水质指标	Ⅰ类	Ⅱ类	Ⅲ类	Ⅳ类	Ⅴ类
化学需氧量	0.46	0.00	0.17	0.26	0.22
五日生化需氧量	0.37	0.00	0.14	0.21	0.35
氨氮	0.09	0.13	0.34	0.26	0.22
总磷	0.06	0.15	0.34	0.26	0.22
铜	0.01	0.73	0.00	0.00	0.00

5.2.4 松花江流域省界缓冲区水质评价

对松花江流域省界缓冲区 44 个断面在 2015 年冰封期、非冰封期的水质数据进行水质类别判别，得到松花江流域省界缓冲区水质评价结果，见表 5-8、表 5-9、图 5-1。

表 5-8　物元分析计算结果（冰封期）

断面	物元分析法					
	1	2	3	4	5	水质类别
加西	0.37	−0.79	−0.69	−0.74	−0.81	Ⅰ
白桦下	0.40	−0.82	−0.71	−0.75	−0.82	Ⅰ
柳家屯	0.21	0.05	−22	−0.58	−0.71	Ⅰ
石灰窑	0.24	−0.73	−0.61	−0.68	−0.78	Ⅰ
嫩江浮桥	0.22	−0.05	−0.20	−0.54	−0.69	Ⅰ
繁荣新村	0.21	−0.06	−0.08	−0.49	−0.66	Ⅰ
尼尔基大桥	−0.04	−0.02	−0.07	−0.42	−0.61	Ⅱ
小莫丁	0.04	0.01	−0.40	−0.56	−0.69	Ⅰ
拉哈	0.21	−0.06	−0.13	−0.51	−0.67	Ⅰ
鄂温克族乡	−0.01	−0.62	−0.30	−0.52	−0.67	Ⅰ
古城子	0.23	0.00	−0.42	−0.62	−0.73	Ⅰ
萨马街	22	−0.75	−0.61	−0.70	−0.78	Ⅰ
兴鲜	0.23	−0.09	−0.20	−0.54	−0.69	Ⅰ
新发	0.23	−0.05	−0.35	−0.59	−0.72	Ⅰ
大河	0.29	−0.73	−0.64	−0.71	−0.80	Ⅰ
二节地	0.21	−0.13	0.12	−0.42	−0.62	Ⅰ
金蛇湾码头	0.21	−0.10	−0.04	−0.47	−0.65	Ⅰ
东明	0.24	−0.10	−0.24	−0.55	−0.70	Ⅰ
原种场	0.35	−0.75	−0.62	−0.71	−0.80	Ⅰ
两家子水文站	−0.03	0.08	−0.39	−0.53	−0.64	Ⅱ
乌塔其农场	0.28	−0.71	−0.63	−0.73	−0.82	Ⅰ
莫呼渡口	0.12	−0.72	−0.17	−0.50	−0.67	Ⅰ
江桥	0.07	−0.71	−0.14	−0.47	−0.64	Ⅰ
浩特营子	−0.05	0.03	0.07	−0.37	−0.56	Ⅲ
林海	0.05	0.03	0.00	−0.38	−0.57	Ⅰ
白沙滩	−0.26	0.01	−0.23	−0.06	−0.45	Ⅱ
大安	−0.13	−0.05	0.14	−22	−0.54	Ⅲ
塔虎城渡口	−0.16	0.03	−0.02	−0.29	−0.51	Ⅱ
马克图	−0.02	−0.16	−0.12	−0.21	−0.48	Ⅰ

续表

断面	物元分析法					
	1	2	3	4	5	水质类别
龙头堡	0.32	−0.25	−0.68	−0.72	−0.78	Ⅰ
松林	−0.14	−0.26	−0.28	−0.52	−0.46	Ⅰ
下岱吉	−0.27	−0.01	−0.29	−0.22	−0.32	Ⅱ
88 号照	0.16	−0.73	−0.08	−0.42	−0.64	Ⅰ
肖家船口	−0.43	−0.54	−0.41	0.07	−0.15	Ⅳ
和平桥	−0.02	−0.82	−0.59	−0.68	−0.56	Ⅰ
向阳	0.12	−0.74	−0.21	−0.51	−0.68	Ⅰ
振兴	−0.03	−0.78	−0.48	−0.59	−0.49	Ⅰ
牛头山大桥	−0.12	−0.94	−0.34	−0.72	−0.63	Ⅰ
蔡家沟	0.08	−0.19	−0.10	−0.19	−0.46	Ⅰ
板子房	0.12	−0.19	−0.21	−0.38	−0.43	Ⅰ
牤牛河大桥	0.09	−0.69	−0.16	−0.50	−0.68	Ⅰ
龙家亮子	−1.21	−1.97	−4.95	−6.86	−5.08	劣Ⅴ
牡丹江 1 号桥	0.09	−0.66	−0.41	−0.59	−0.72	Ⅰ
同江	−0.01	−0.24	−0.25	−0.16	−0.54	Ⅰ

表 5-9　物元分析计算结果（非冰封期）

断面	物元分析法					
	1	2	3	4	5	水质类别
加西	−0.01	−22	−0.32	−0.48	−0.66	Ⅰ
白桦下	0.17	−0.28	−0.45	−0.62	−0.75	Ⅰ
柳家屯	0.02	−0.36	−0.17	−0.47	−0.63	Ⅰ
石灰窑	−0.01	−0.34	−0.58	−0.51	−0.73	Ⅰ
嫩江浮桥	−0.09	0.12	−0.29	−0.47	−0.63	Ⅱ
繁荣新村	−0.04	−0.32	−0.17	−0.46	−0.63	Ⅰ
尼尔基大桥	−0.05	0.00	0.00	−0.37	−0.59	Ⅱ
小莫丁	−0.07	0.03	−0.10	−0.35	−0.60	Ⅱ
拉哈	−0.10	−0.41	0.14	−0.25	−0.51	Ⅲ
鄂温克族乡	−0.01	−0.27	−0.23	−0.49	−0.65	Ⅰ
古城子	−0.06	−0.01	−0.05	−0.41	−0.60	Ⅱ
萨马街	0.08	−0.25	−0.35	−0.55	−0.69	Ⅰ

续表

断面	物元分析法					
	1	2	3	4	5	水质类别
兴鲜	0.14	−0.38	−0.16	−0.34	−0.59	Ⅰ
新发	0.13	−0.55	−0.09	−0.47	−0.65	Ⅰ
大河	0.12	−0.31	−0.48	−0.61	−0.73	Ⅰ
二节地	0.12	−0.43	−0.11	−0.43	−0.62	Ⅰ
金蛇湾码头	0.09	−0.04	−0.10	−0.46	−0.65	Ⅰ
东明	0.20	−0.52	−0.15	−0.51	−0.68	Ⅰ
原种场	0.19	−0.28	−0.44	−0.61	−0.73	Ⅰ
两家子水文站	0.01	0.13	−0.34	−0.53	−0.67	Ⅱ
乌塔其农场	0.09	−0.30	−0.44	−0.58	−0.71	Ⅰ
莫呼渡口	0.06	−0.27	−0.36	−0.56	−0.70	Ⅰ
江桥	−0.01	−0.27	−0.27	−0.49	−0.66	Ⅰ
浩特营子	−0.03	0.11	−22	−0.53	−0.67	Ⅱ
林海	0.19	0.09	−0.49	−0.64	−0.74	Ⅰ
白沙滩	−0.01	0.10	−0.40	−0.55	−0.68	Ⅱ
大安	−0.05	−0.44	−0.14	−0.19	−0.53	Ⅰ
塔虎城渡口	−0.01	0.11	−0.32	−0.53	−0.68	Ⅱ
马克图	−0.09	0.02	0.04	−0.35	−0.55	Ⅲ
龙头堡	0.15	−0.30	−0.32	−0.60	−0.75	Ⅰ
松林	−0.13	−0.48	−0.04	−0.40	−0.57	Ⅲ
下岱吉	0.07	0.10	−0.36	−0.56	−0.70	Ⅱ
88 号照	−0.03	−0.35	−0.07	−0.46	−0.68	Ⅰ
肖家船口	0.00	−0.27	−0.34	−0.59	−0.75	Ⅰ
和平桥	0.09	−0.31	−0.12	−0.47	−0.66	Ⅰ
向阳	0.08	−0.30	−0.18	−0.52	−0.70	Ⅰ
振兴	0.11	−0.41	0.13	−0.38	−0.62	Ⅲ
牛头山大桥	0.02	−0.44	0.24	−0.27	−0.53	Ⅲ
蔡家沟	−0.16	−0.37	0.25	−0.12	−0.42	Ⅲ
板子房	0.02	−0.14	−0.14	−22	−0.56	Ⅰ
牤牛河大桥	0.03	−0.39	0.10	−0.38	−0.60	Ⅲ
龙家亮子	−0.52	−0.84	−1.01	−0.72	−0.39	劣Ⅴ
牡丹江 1 号桥	0.01	0.11	−0.39	−0.48	−0.69	Ⅱ
同江	−0.03	−0.40	0.05	−0.37	−0.62	Ⅲ

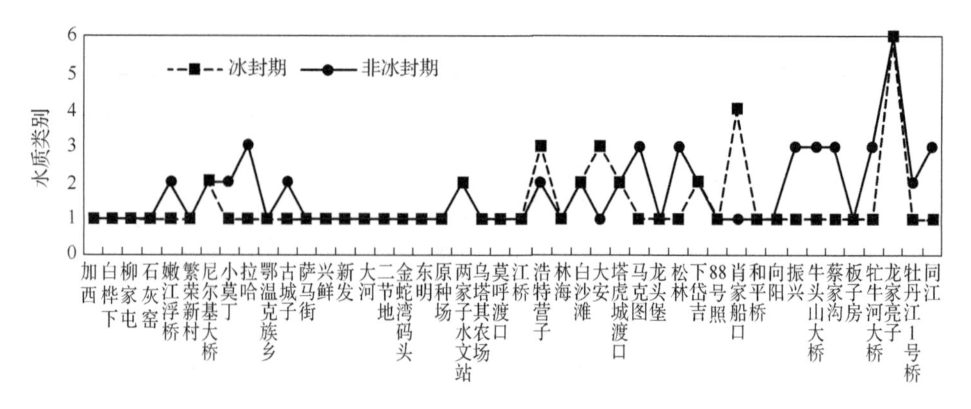

图 5-1　松花江流域省界缓冲区 2015 年各断面水质评价等级

松花江流域省界缓冲区断面水质大多分布在Ⅰ类到Ⅲ类水质之间，水质情况总体较为良好。部分断面水质超标，肖家船口冰封期达到Ⅳ类水质，龙家亮子断面在冰期与非冰期水质均达到劣Ⅴ类水质标准，水质较差。从冰封期与非冰封期水质比较来看，松花江流域省界缓冲区非冰封期水质明显劣于冰封期水质，这一现象可能是由于松花江流域省界缓冲区水质主要污染源是农业面源污染，氮磷污染严重，需要重点关注（吴兵等，2016）。从松花江流域省界缓冲区监测断面上下游的空间来看，从加西到原种场，多数断面水质符合Ⅰ类水质标准，而从两家子水文站到同江断面，松花江流域省界缓冲区断面水质较差，变化不稳定，Ⅱ类到Ⅲ类水质居多，因此，松花江流域上游断面水质明显优于下游断面。

5.3　本 章 小 结

物元分析理论模型考虑的是各评价指标对于Ⅰ～Ⅴ类水的关联度，但评价结果无法直观判断不同样本的水质污染程度。采用物元分析法开展松花江流域省界缓冲区水质综合评价，评价结果是综合水质与水质类别的关联程度。在物元分析法中，通过单项水质指标对应某水质类别的限值与所有参与评价水质指标对应水质类别的限值之和的比值，来确定各水质指标对应某个水质类别的权重。针对物元分析法所选择样本的综合评价结果，由于受到权重值选取的影响，部分结果可能存在不确定性，因此，有必要将基于物元分析理论的综合评价结果与其他方法得出的评价结果做进一步比较分析。

第 6 章　聚类分析法

聚类分析也称群分析、点群分析，是研究分类的一种多元统计方法。聚类分析属于数据挖掘中的一项核心技术，将一组物理或抽象的对象转变为簇，使每个簇内的相似度达到最高，降低簇间的相似度，将数据源合理地分配到不同的簇中，从而把收集的数据按相似性进行分类。采用聚类分析法优化水质监测断面设置，根据监测数据对省界缓冲区内水质类别进行划分，结合监测断面的水质状况，科学合理地布设监测断面，节省水质监测过程中的人力及财力投入，并使所获监测数据更具代表性。

6.1　概　　述

将物理或抽象的集合分组成由类似的对象组成的多个类的过程被称为聚类。其主要目的是把一组个体按照相似性归为各种类别。聚类不是在人为指导下进行的，其划分过程是未知的，不仅减少了人为因素的干扰，还可以分析海量数据。聚类分析（cluster analysis）是一组将研究对象分为相对同质的群组（clusters）的统计技术。聚类分析法是用相似性的大小为尺度作为衡量各事物之间的亲疏程度，并以此为依据来实现分类。

其数学定义为：数据集 $E=\{x_i \mid i=1,2,3,\cdots,n\}$，$x_i$ 为数据集 E 中的对象。$C_i \in E(i=1,2,3,\cdots,k)$ 且 $C_i \neq \varnothing$，则满足 $C_1 \cup C_2 \cup C_3 \cup \cdots \cup C_k = E$ 和 $C_i \cap C_j = \varnothing(i \neq j)$ 的集合就是聚类分析，聚类分析过程中的基本数据类型很多，包括区间标度变量、二值属性、连续型和离散型。聚类分析主要包括下划分法、层次法、基于密度的方法、基于模型的方法。

K-均值聚类法是在科学和工程领域诸多聚类算法中极其有影响和价值的一种聚类技术。它是各类聚类方法中最基本、最适应的划分方法。通过对数据不断迭代而进行聚类，以达到最优解为目的来实现分类的。首先确定好 K 为参数，将 n 个数据对象划分为 K 个簇，此时每个簇内的数据对象之间具有较高的相似性，明显地降低簇与簇之间的相似度，此相似度通过计算各簇内的数据对象的平均值而得到。该算法首先是随机地选择 K 个数据对象并将其分别看作为各个簇的中心，将剩余的数据对象与各个簇中的欧几里得距离为依据而被划分到最近的簇中，接下来对每个簇的平均值重新计算，不断反复进行这个过程，直至评分函数收敛为止。这类算法的关键是需要确定一个数据集以及聚类数目 K，然后根据最近原则把所有的数据对象一一划分到相应的聚类中去，这也是 K-均值聚类分析的分类思想。具体步骤如下：

（1）从原始样本的数据集 D 中选择出 K 个样本点，并将此作为 K 个簇的初始聚类中心 $a_i(i=1,2,\cdots,K)$；

（2）对数据集 D 中的所有样本点 $b_j\,(j=1,2,\cdots,n)$依次计算到各簇中心 a_i 的距离；

（3）分别求出 b_j 到 a_i 的最小距离 $\min(d(i,j))$，然后将 b_j 归并到和 a_i 距离最小的簇中；

（4）重新计算各簇的聚类中心；

（5）计算数据集 D 中所有样本点的标准差 $E(t)$，将此结果与前一次误差 $E(t-1)$进行比较；

（6）当出现 $E(t)<E(t-1)$时，返回至步骤（2），继续计算，否则聚类算法结束。

K-均值聚类的算法描述如下：

Input：包含 n 个对象的数据集 D 及簇的数目 K；

Output：K 个簇的集合。

具体步骤：

（1）在数据集 D 选择 K 个簇的初始中心；

（2）重复上述步骤；

（3）以簇中的平均值为依据将各对象归类；

（4）重新计算簇的平均值；

（5）直至簇的平均值不发生变化。

K-均值聚类算法的复杂度是 $O(nKt)$，其中，K 表示中心点个数，n 表示数据集的大小，t 表示迭代次数。

K-均值聚类分析在被广泛应用的同时，也存在一定的缺陷。首先，K 值为事先给定的，但如何确定一个合理的 K 值十分困难。在分类之前并不确定数据集应分成几类更为合适。聚类数目 K 值的确定大多采用类的自动合并和分裂的方法，或依据方差分析理论来确定。除此之外，各簇中心的初始位置的选择会对数据的聚类效果产生较大的影响，可能会导致迭代次数增多或计算量增大。

6.2　聚类法优化水质监测断面

6.2.1　水质监测断面优化原则

水质监测断面优化可以在获取充足的流域水环境信息量、数据信息准确地反映流域水质动态、反映流域水环境质量状况的基础上节省人力、物力，最终达到小投入大回报的目的。为了达到优化水质监测断面的目的，应遵循以下几个原则：首先选择的监测断面必须具有代表性，提供具有代表性（监测项目）和科学性（污染变化趋势），为水质改善和水污染控制提供科学依据；其次，监测断面应具有合理性，具体体现在获取的水质监测数据，可以尽量地保证在空间的分布上重复性最小而代表性足够强，保证在优化后的断面具有充足的监测数据用于反映松花江流域省界缓冲区水质状况；最后，对所优化的水质监测断面应体现科学性。

在对水质监测断面进行优化时，必须考虑到该优化过程是否具有可行性和可操作性。应充分考虑到水质监测断面在设置后是否能进行有效的采样，同时应尽可能考虑到监测断面的水文环境、交通条件以及行政管理等因素。为得到具有代表性的水质监测断面需坚持以上原则，建立适宜数量的监测断面，才可以保证水质监测数据具有较好的代表性并降低监测费用，大大提高水质监测效率，从而构建一个水质监测断面数量得当、水质监测数据具有科学性以及监测成本最低的评价体系。

6.2.2　*K*-均值聚类法优化水质监测断面

K-均值聚类法是一种基于划分的聚类算法，其聚类的过程是通过不断迭代直至最终达到最优解而实现的，此聚类算法因具有逻辑简单、占据存储空间小、处理效率高，较适合于对大规模数据进行聚类。以 2017 年松花江流域省界缓冲区内 51 个断面中的铜、化学需氧量、五日生化需氧量、氨氮、总磷、总氮、氟化物、高锰酸盐指数和砷共 9 项指标为元数据，利用 *K*-均值聚类法对松花江流域省界缓冲区水质监测断面进行优化。

6.2.3　监测断面分类 *K* 值的确定

确定分类的个数问题不仅是任何聚类分析中都会面临的问题，也是在利用 *K*-均值聚类分析中的核心问题。*K*-均值聚类分析主要是通过方差分析来最终筛选出最优的分类数，也就是根据所定义的方差统计量 F（平均组间平方和与平均组内平方和之比），公式中变化的分类数称为因子，因子在选择的过程中选用的不同值称为水平，具体公式为

$$F = \frac{\dfrac{S_{\mathrm{SA}}}{k-1}}{\dfrac{S_{\mathrm{SE}}}{n_i - k}} \tag{6-1}$$

式中，k——水平数；

n_i——第 i 个水平下的样本容量；

S_{SA}——组间离差平方和，

$$S_{\mathrm{SA}} = \sum_{i=1}^{k} n_i (x_i - \overline{x})^2 \tag{6-2}$$

S_{SE}——组内离差平方和，

$$S_{\mathrm{SE}} = \sum_{i=1}^{k} \sum_{j=1}^{n_i} (x_{ij} - \overline{x}_i)^2 \tag{6-3}$$

其中，x_i 为组内的样本值，$\overline{x}$ 为全体数据的样本均值，x_{ij} 为第 i 个水平下的第 j 个观察值，$\overline{x}_i$ 为组内的样本均值。

从式（6-1）可以看出，不同的水平对观察变量的影响十分显著，也就是观察变量的组间离差平方和越大，F 值也就较大。

6.2.4　*K*-均值聚类分析优化断面的基本步骤

K-均值聚类法主要用欧几里得距离来衡量样本间的亲疏程度，其主要步骤如下：

（1）根据所选数据的研究目的来选择合适的聚类指标。

（2）对样本数据进行标准化处理以最终达到消除量纲差异，从而使不同的水质监测指标数据之间具有较强的可比性的目的，这需要对原始数据进行标准化预处理。得到标准化数据具体步骤是先将 51 个监测断面的 9 个监测指标数据构建特

征观测矩阵：

$$X=\begin{bmatrix} x_{11} & x_{12} & \cdots & x_{1p} \\ x_{21} & x_{22} & \cdots & x_{2p} \\ \vdots & \vdots & & \vdots \\ x_{n1} & x_{n2} & \cdots & x_{np} \end{bmatrix} \tag{6-4}$$

式中，$x_{ij}(i=1,2,\cdots,m;\ j=1,2,\cdots,p)$——第 i 个水质监测断面的第 j 项监测指标的监测数据。

则有标准化后的值：

$$\overline{x}_j=\frac{1}{m}\sum_{i=1}^{m}x_{ij} \tag{6-5}$$

$$s_j=\left[\frac{1}{m-1}\sum_{i=1}^{m}(x_{ij}-\overline{x}_j)^2\right]^{1/2} \tag{6-6}$$

$$y_{ij}=(x_{ij}-\overline{x}_j)/s_j \tag{6-7}$$

式中，$\overline{x}_j$ ——第 j 项水质监测指标的监测均值；

s_j ——第 j 项水质监测指标的标准差；

y_{ij} ——x_{ij} 标准化后的值。

（3）根据定义的方差统计量 F 来确定将松花江流域省界缓冲区监测断面分成 X 个初始类，以 X 个类的均值作为初始的类中心点。

（4）依次计算各水质监测断面上的水质指标数据点到 X 个类中心点的欧几里得距离。其中欧几里得距离的表达式为

$$d_{ij}=\sum_{k=1}^{m}(x_{ik}-x_{jk})^2 \tag{6-8}$$

式中，x_{ik}——第 i 个水质监测断面的第 k 项水质监测指标的监测数据；

x_{jk}——第 j 个水质监测断面的第 k 项水质监测指标的监测数据；

d_{ij}——第 i 个水质监测断面与第 j 个水质监测断面之间的欧几里得距离。

将每个水质监测样本均归入类中心点离该样本最近的那个类，从而构建成一个新的 X 类水质监测断面组，这样便完成一次迭代过程。

（5）重新计算新的 X 个水质监测断面组的类中心点，并将每个类的均值作为

新的类中心点。

（6）重复上述两个步骤，直至聚类准则函数收敛为止。同时计算出该 K 类的方差统计量 F。

（7）对上述聚类分析结果进行分析，统计出上述水质监测断面的归属类别。

6.3 K-均值聚类法检测水质断面

利用 SPSS 23.0 软件，将松花江流域 51 个断面的水质监测指标作为元数据，采用 K-均值聚类法来分类处理，从而实现监测断面优化。以优化后的 Cu、COD_{Mn}、COD、BOD_5、NH_3-N、TP、TN、As 和氟化物共 9 项水质监测指标的监测数据为元数据，将全年水质信息分为全年、汛期（6～9 月）和非汛期（1～5 月、10～12 月）分别进行评价，利用 K-均值聚类法对松花江流域省界缓冲区水质监测断面进行优化。

6.3.1 全年水质 K-均值聚类分析

1. 水质监测断面监测数据标准化处理

为消除不同水质监测指标间的量纲差异，使各数据之间具有可比性，需要对数据进行标准化处理，标准化后的数据结果见表 6-1。

表 6-1 标准化后数据

监测断面	COD_{Mn}	COD	BOD_5	NH_3-N	TP	TN	Cu	氟化物	As
加西	−0.597	−0.831	−0.490	−0.561	−0.578	−0.643	2.977	−1.234	−0.395
白桦下	−0.556	−0.521	−0.415	−0.479	−0.382	−0.569	0.653	−1.106	−0.384
柳家屯	−0.577	−0.518	−0.303	−0.465	−0.539	−0.700	−0.276	−1.023	−0.364
石灰窑	1.787	1.635	−0.864	−0.194	−1.010	−0.569	−0.586	−0.565	−0.464
嫩江浮桥	1.244	0.371	−0.751	−0.283	−0.853	−0.482	−0.586	−0.492	−0.464
繁荣新村	1.094	0.768	0.595	−0.236	−0.067	−0.507	0.343	−0.684	−0.284
尼尔基大桥	1.208	1.126	0.819	−0.295	−0.224	−0.650	3.132	−0.712	−0.204
小莫丁	1.122	0.912	−0.078	−0.186	−0.224	−0.500	0.033	−0.583	−0.244
拉哈	1.058	0.955	0.146	−0.038	−0.224	−0.538	0.033	−0.033	−0.224

续表

监测断面	COD_{Mn}	COD	BOD_5	NH_3-N	TP	TN	Cu	氟化物	As
鄂温克族乡	1.151	0.995	0.258	−0.317	−0.224	−0.588	−0.586	−0.739	−0.204
古城子	−0.670	−0.399	−0.191	−0.347	−0.067	−0.675	−0.586	−0.464	−0.324
萨马街	−0.927	−0.905	−0.527	−0.347	0.090	−0.569	−0.276	−0.647	−0.284
兴鲜	−1.306	−1.203	−0.864	−0.333	−0.224	0.284	−0.586	0.114	−0.284
新发	−0.877	−0.954	−0.303	−0.254	0.090	0.646	−0.586	0.279	−0.344
大河	−0.827	−0.681	−0.527	−0.048	0.090	0.527	−0.276	0.948	−0.324
二节地	−0.963	−0.973	−0.415	−0.240	0.090	0.527	−0.276	−0.464	−0.244
金蛇湾码头	−0.863	−0.934	−0.303	−0.198	−0.067	0.421	−0.276	−0.372	−0.284
东明	−1.256	−1.255	−0.639	−0.303	−0.224	−0.563	0.033	−0.226	−0.384
苗家堡子	−1.213	−1.185	−0.639	−0.214	−0.067	−0.382	0.653	−0.299	−0.344
原种场	−1.056	−1.224	−0.527	−0.206	−0.067	−0.121	−0.586	0.600	−0.184
两家子水文站	−1.163	−1.139	−0.527	−0.331	−0.696	−0.588	−0.586	0.288	−0.284
乌塔其农场	−0.942	−1.094	−0.527	−0.206	−0.382	−0.638	−0.276	0.829	−0.144
莫呼渡口	0.394	0.455	0.034	0.061	0.405	−0.488	−0.276	0.068	−0.184
江桥	−0.156	−0.137	−0.303	−0.194	0.090	−0.500	−0.586	0.370	−0.184
浩特营子	−0.570	0.431	0.483	−0.317	−0.382	1.499	−0.276	3.332	−0.464
林海	−0.706	−0.121	0.146	−0.337	−0.539	1.592	−0.276	2.965	−0.444
永安	−0.849	−0.855	−0.897	−0.558	−1.010	0.378	−1.206	0.994	−0.484
煤窑	−0.792	−0.633	−0.740	−0.499	−1.168	0.234	−0.896	1.636	0.955
宝泉	−1.599	−1.508	−1.189	−0.677	−1.325	−0.158	0.963	0.169	1.355
野马图	−1.827	−1.936	−1.559	−0.677	−1.482	−0.662	0.963	−1.023	1.355
高力板	−1.049	−1.129	−0.998	−0.499	−1.168	−0.581	0.653	0.260	1.755
同发	−0.306	−0.133	−0.437	−0.538	−1.325	−0.588	−0.896	1.086	−0.144
白沙滩	0.544	0.437	0.034	−0.064	2.449	−0.500	0.033	−0.106	−0.184
大安	0.658	0.577	0.595	−0.008	1.348	−0.457	2.513	−0.015	−0.064
塔虎城渡口	0.615	0.651	0.370	−0.206	0.719	−0.600	3.132	−0.290	−0.124
马克图	0.987	0.873	0.931	0.183	0.405	−0.426	0.653	0.233	−0.044
龙头堡	0.023	0.151	0.146	−0.194	0.719	0.141	−0.586	−0.235	−0.224
松林	1.151	1.038	1.492	0.278	0.876	0.035	0.033	0.004	0.076
下岱吉	0.665	0.462	0.370	0.178	0.719	0.010	0.653	0.783	0.036

续表

监测断面	COD_{Mn}	COD	BOD_5	NH_3-N	TP	TN	Cu	氟化物	As
88 号照	0.644	0.398	0.370	0.178	0.405	−0.008	−0.276	0.453	−0.004
肖家船口	0.058	0.007	0.370	0.219	−0.224	0.384	−0.896	−1.014	−0.204
和平桥	0.080	0.153	0.819	0.530	0.090	0.502	−0.586	−0.996	−0.144
向阳	0.037	−0.018	−0.078	0.158	−0.224	−0.065	−0.896	−1.289	−0.184
振兴	0.073	0.021	0.370	0.425	0.247	0.166	−0.586	−0.510	−0.184
牛头山大桥	0.394	0.215	0.370	0.431	0.562	0.041	−0.276	−0.968	6.192
蔡家沟	0.494	0.367	0.819	0.395	0.247	−0.008	−0.276	−0.620	−0.104
板子房	0.715	0.688	0.707	0.360	0.562	−0.065	−0.586	−0.198	0.016
牤牛河大桥	0.387	0.688	0.034	0.261	0.405	−0.220	−0.586	−1.124	−0.164
龙家亮子	2.737	3.585	5.530	6.647	4.965	5.853	−0.586	2.140	−0.464
牡丹江 1 号桥	0.737	1.081	−0.415	0.112	−0.539	0.452	0.033	−0.812	−0.524
同江	1.594	1.246	−0.303	0.437	−0.067	0.913	−0.586	1.296	−0.564

2. 样本分类数*K*值的确定

根据松花江流域省界缓冲区水质监测断面分布状况、断面个数以及流域省界缓冲区水质状况，由其科学性和合理性，预设聚类数为 6～10。由方差统计量 *F* 可知，变量 *F* 可以用来综合反映各样本特征的组间紧密和分散程度，其数值越大表明组内关系越紧密，相对而言组间关系越离散，也就是数据分类更为合理。使用 *K*-均值聚类法对不同分类数的方差进行分析，经计算得表 6-2 的结果，当水质监测断面分为 8 组时，*F* 最大，因此，对于该组数据 *K*-均值聚类分析的 *K* 值应选取 8。

表 6-2　*K*-均值聚类分析验证结果

分类数	*F*
6	429.925
7	429.321
8	532.867
9	532.739
10	460.204

3. 聚类中心

利用 SPSS 23.0 软件的 *K*-均值聚类法得出的结果输出窗口可以看到以下统计表格（表 6-3～表 6-5）。首先 SPSS 23.0 系统根据用户的指定，将松花江流域省界缓冲区 51 个水质监测断面按 8 类进行聚合，从而确定初始聚类的各变量中心点（表 6-3），所得到的聚类中心为未经 *K*-均值聚类算法迭代的，即各类别的间距并非最优。

表 6-3　初始聚类中心

指标	1	2	3	4	5	6	7	8
COD_{Mn}	−0.597	−1.827	−0.570	1.787	−0.792	1.151	2.737	0.394
COD	−0.831	−1.936	0.431	1.635	−0.633	1.038	3.585	0.215
BOD_5	−0.490	−1.559	0.483	−0.864	−0.740	1.492	5.530	0.370
NH_3-N	−0.561	−0.677	−0.317	−0.194	−0.499	0.278	6.647	0.431
TP	−0.578	−1.482	−0.382	−1.010	−1.168	0.876	4.965	0.562
TN	−0.643	−0.662	1.499	−0.569	0.234	0.035	5.853	0.041
Cu	2.977	0.963	−0.276	−0.586	−0.896	0.033	−0.586	−0.276
氰化物	−1.234	−1.023	3.332	−0.565	1.636	0.004	2.140	−0.968
As	−0.395	1.355	−0.464	−0.464	0.955	0.076	−0.464	6.192

为使各类别间距达到最优，通过 *K*-均值聚类分析对初始聚类中心进行迭代，具体迭代记录如表 6-4 所示。由于聚类中心中不存在变动或者仅有小幅变动，因此实现了收敛。任何中心的最大绝对坐标变动为 0.000。当前迭代为 4。初始中心之间的最小距离为 3.194。

表 6-4　迭代记录

迭代	聚类中心的变动							
	1	2	3	4	5	6	7	8
1	1.472	1.589	0.389	1.413	1.979	1.377	0.000	0.000
2	0.743	0.558	0.000	0.000	0.158	0.193	0.000	0.000
3	0.583	0.598	0.000	0.253	0.173	0.113	0.000	0.000
4	0.000	0.000	0.000	0.000	0.000	0.000	0.000	0.000

完成迭代过程后，根据最终的迭代结果，得出本次分析的聚类成员所属的类及所属类中心的距离。聚类一列中给出了观测量所属的类别，距离一列给出了观测量与所属聚类中心的距离，具体划分结果见表 6-5。

表 6-5　聚类成员

序号	断面名称	聚类	距离	序号	断面名称	聚类	距离
1	加西	1	2.157	27	永安	5	1.567
2	白桦下	5	1.740	28	煤窑	5	2.211
3	柳家屯	5	1.397	29	宝泉	2	0.527
4	石灰窑	4	1.279	30	野马图	2	1.074
5	嫩江浮桥	4	1.033	31	高力板	2	0.889
6	繁荣新村	6	1.282	32	同发	5	1.782
7	尼尔基大桥	1	1.304	33	白沙滩	6	2.123
8	小莫丁	4	0.688	34	大安	1	1.340
9	拉哈	4	0.781	35	塔虎城渡口	1	0.616
10	鄂温克族乡	4	0.947	36	马克图	6	1.399
11	古城子	5	1.028	37	龙头堡	6	0.885
12	萨马街	5	0.993	38	松林	6	1.512
13	兴鲜	5	0.859	39	下岱吉	6	1.498
14	新发	5	0.978	40	88 号照	6	0.836
15	大河	5	1.186	41	肖家船口	6	1.387
16	二节地	5	1.034	42	和平桥	6	1.220
17	金蛇湾码头	5	0.865	43	向阳	6	1.576
18	东明	5	0.936	44	振兴	6	0.809
19	苗家堡子	5	1.298	45	牛头山大桥	8	0.000
20	原种场	5	0.735	46	蔡家沟	6	0.547
21	两家子水文站	5	0.770	47	板子房	6	0.603
22	乌塔其农场	5	0.905	48	牤牛河大桥	6	1.004
23	莫呼渡口	6	0.755	49	龙家亮子	7	0.000
24	江桥	5	1.177	50	牡丹江 1 号桥	4	1.076
25	浩特营子	3	0.389	51	同江	4	2.087
26	林海	3	0.389				

表 6-6 为所形成的聚类中心的各变量值。结合表 6-5、表 6-6 可以看出，在对松花江流域省界缓冲区 51 个水质监测断面优化后，9 项水质监测指标分为 8 类，第一类是加西、尼尔基大桥、大安、塔虎城渡口；第二类是宝泉、野马图、高力板；第三类是浩特营子和林海；第四类是石灰窑、嫩江浮桥、小莫丁、拉哈、鄂温克族乡、牡丹江 1 号桥和同江；第五类是白桦下、柳家屯、古城子、萨马街、兴鲜、新发、大河、二节地、金蛇湾码头、东明、苗家堡子、原种场、两家子水

文站、乌塔其农场、江桥、永安、煤窑、同发；第六类是繁荣新村、莫呼渡口、白沙滩、马克图、龙头堡、松林、下岱吉、88 号照、肖家船口、和平桥、向阳、振兴、蔡家沟、板子房、牤牛河大桥；第七类是龙家亮子；第八类是牛头山大桥。

表 6-6 最终聚类中心

指标	聚类							
	1	2	3	4	5	6	7	8
COD_{Mn}	0.471	−1.492	−0.638	1.242	−0.850	0.490	2.737	0.394
COD	0.381	−1.524	0.155	1.028	−0.819	0.433	3.585	0.215
BOD_5	0.324	−1.249	0.314	−0.287	−0.505	0.468	5.530	0.370
NH_3-N	−0.268	−0.618	−0.327	−0.067	−0.320	0.182	6.647	0.431
TP	0.316	−1.325	−0.460	−0.449	−0.320	0.468	4.965	0.562
TN	−0.587	−0.467	1.546	−0.187	−0.160	−0.070	5.853	0.041
Cu	2.939	0.860	−0.276	−0.321	−0.380	−0.256	−0.586	−0.276
氟化物	−0.563	−0.198	3.149	−0.275	0.141	−0.349	2.140	−0.968
As	−0.197	1.488	−0.454	−0.384	−0.224	−0.119	−0.464	6.192

4. 聚类结果检验

K-均值聚类分析的结果是否可靠，根据 ANONA 表（表 6-7）来判断。根据最终聚类中心可得到 9 类监测断面中心间的距离，此后对聚类结果的类别间距离进行方差分析。针对每种聚类的结果，对分类进行检验都会显示 sig 为 0.000，类别间距离差异的概率值均小于 0.010，表明上述聚类效果较好，说明通过聚类所得的类别之间是有显著差异的。松花江流域省界缓冲区的 51 个水质监测断面在上述 8 个类别中存在着显著差异，结果有效。

表 6-7 ANOVA 表

指标	聚类		误差		*F*
	均方	自由度 df	均方	自由度 df	
COD_{Mn}	6.203	7	0.153	43	40.543
COD	6.110	7	0.168	43	36.357
BOD_5	6.351	7	0.129	43	49.264
NH_3-N	6.913	7	0.037	43	184.765
TP	5.370	7	0.289	43	18.609
TN	5.978	7	0.190	43	31.515
Cu	5.947	7	0.195	43	30.558
氟化物	4.207	7	0.478	43	8.082
As	6.845	7	0.048	43	141.256

5. *K*-均值聚类分析结果分析

从表 6-8 中可以看出：水质监测断面可划分为 8 类，其中，划分为第五类和第六类的断面占监测断面总数的大部分。结合松花江流域省界缓冲区水质监测断面地理位置、所在水功能区等资料，按水质监测断面的优选原则来对上述 8 类监测断面进行优化分析。

表 6-8　每个聚类中的监测断面个数

聚类		有效	缺失
类别	监测断面个数		
1	4	51	0
2	3		
3	2		
4	7		
5	18		
6	15		
7	1		
8	1		

第一类中，大安和塔虎城渡口都属于嫩江黑吉缓冲区且距离相近，可以考虑将其合并成大安水质监测断面。由于尼尔基水库具有重要的水生态环境意义，因此，保留尼尔基大桥断面。加西属于甘河蒙黑缓冲区，因此保留。

第二类中，宝泉和野马图这两个断面，由于宝泉为考核断面，可以考虑将这两个断面合并为宝泉断面。

第三类中，浩特营子和林海均属于洮儿河蒙吉缓冲区，但分别位于不同的省份，则这两个断面均需保留。

第四类中，小莫丁和鄂温克族乡均属于嫩江黑蒙缓冲区，由于位于不同的省份，所以均应保留。石灰窑和嫩江浮桥均位于嫩江黑蒙缓冲区，且两断面水质监测数据相近，可以考虑将其合并为石灰窑断面。同江为国控断面，必须保留。其他断面都保留。

第五类中，白桦下、柳家屯均位于甘河蒙黑缓冲区，断面情况及水质状况评价结果相似，由于柳家屯位于甘河的保留区内，则该断面保留；而白桦下与柳家屯断面相距较近，则柳家屯断面情况可以同样反映该流域的水质状况，仅保留柳家屯即可。古城子和萨马街均为诺敏河蒙黑缓冲区，可以考虑合并，其中，古城子为国控断面，因此保留古城子断面。大河和新发在音河流域上，大河断面较新发断面距省界距离较远，采样时较为不便，可以考虑把大河断面上升为新发断面。在这类断面中，新发和乌塔其农场为新增断面，其中乌塔其农场为国控断面。金蛇湾码头为国控断面，必须保留。同发为新增断面，所在的霍林河经常出现断流现象，故应删除。其他断面都保留。

第六类中，蔡家沟和板子房为拉林河一级支流监测断面，这两个断面距省界距离较远，且监测数据的代表性极差，保留一个即可，但由于板子房为国控断面，则应保留。在这类断面中，和平桥、牤牛河大桥和龙头堡属于新增断面，从数据的获取率上分析，龙头堡的获取率低于 50%，因此应考虑删除。肖家船口为国控断面，必须保留。其他断面都保留。

第七类中，龙家亮子属于新增断面，此类断面中仅含有一个水质监测断面，所以保留。

第八类中，牛头山大桥虽然监测数据代表性较差，但此类断面中仅含有一个水质监测断面，所以保留。

6.3.2　汛期水质 *K*-均值聚类分析

1. 水质监测断面监测数据标准化处理

为消除不同水质监测指标间的量纲差异，使各数据之间具有可比性，需要对数据进行标准化处理，标准化后的数据结果见表 6-9。

表 6-9　标准化后数据

监测断面	COD_{Mn}	COD	BOD_5	NH_3-N	TP	TN	Cu	氟化物	As
加西	−0.516	−0.727	−0.522	−0.684	−0.901	−0.979	1.074	−1.130	−0.786
白桦下	−0.708	−0.538	−0.522	−0.686	−0.901	−1.104	2.409	−1.049	−0.715
柳家屯	−0.241	−0.394	−0.189	−0.367	−0.701	−1.073	0.406	−0.838	−0.503
石灰窑	2.694	2.699	−0.522	−0.263	−1.101	−1.000	0.406	−0.661	−1.069
嫩江浮桥	2.365	1.165	−0.300	−0.275	−0.501	−0.844	0.406	−0.558	−0.927
繁荣新村	1.844	1.282	0.699	−0.307	−0.102	−0.937	0.406	−0.572	−0.220
尼尔基大桥	0.630	0.607	0.921	−0.195	−0.501	−0.885	−0.262	−0.763	−0.079
小莫丁	0.246	0.309	−0.522	0.034	−0.701	−0.698	−0.262	−0.763	−0.291

续表

监测断面	COD_{Mn}	COD	BOD_5	NH_3-N	TP	TN	Cu	氟化物	As
拉哈	0.088	0.157	−0.300	0.012	−0.501	−0.937	−0.262	−0.130	−0.291
鄂温克族乡	0.198	0.163	−0.189	−0.238	−0.501	−0.864	−0.262	−0.695	−0.079
古城子	−0.152	−0.266	0.366	−0.350	0.697	−1.043	−0.262	−0.436	−0.432
萨马街	−0.653	−0.793	−0.522	−0.316	1.297	−0.854	1.074	−0.545	−0.291
兴鲜	−1.318	−1.413	−0.633	−0.324	0.497	1.000	0.406	0.252	−0.150
新发	−1.352	−1.445	−0.411	−0.326	0.298	1.365	0.406	0.163	−0.362
大河	−0.838	−0.946	−0.300	−0.389	0.697	0.781	1.741	0.190	−0.362
二节地	−1.167	−0.982	−0.522	−0.548	0.697	0.760	0.406	−0.422	0.133
金蛇湾码头	−1.030	−1.097	−0.522	−0.321	0.497	0.562	−0.262	−0.415	−0.220
东明	−1.208	−1.016	−0.411	−0.411	0.497	−0.896	0.406	−0.048	−0.574
苗家堡子	−1.147	−1.139	−0.411	−0.231	0.897	−0.615	−0.930	−0.184	−0.362
原种场	−0.838	−1.175	−0.078	0.003	−0.102	−0.458	−0.930	0.558	0.911
两家子水文站	−1.147	−0.908	−0.411	−0.353	−0.701	−0.896	3.744	0.061	−0.150
乌塔其农场	−0.790	−0.884	−0.411	−0.221	−0.501	−1.042	−0.930	0.497	0.628
莫呼渡口	0.170	0.989	−0.633	−0.173	−0.102	−0.792	0.406	−0.096	0.204
江桥	−0.049	0.241	−0.189	5.550	0.098	−0.885	−0.262	−0.055	0.133
浩特营子	−0.454	0.154	−0.522	−0.701	−1.301	1.479	0.406	2.811	−0.715
林海	−0.728	−0.168	−0.743	−0.723	−1.301	1.292	0.406	2.110	−0.715
永安	−0.468	−0.780	−0.577	−0.514	−1.301	1.115	−0.262	1.293	−0.927
煤窑	0.376	0.371	−0.022	−0.270	−1.101	1.271	−0.262	2.995	−0.362
宝泉	−1.393	−1.526	−1.265	−0.708	−1.900	0.000	−1.597	0.680	−0.362
野马图	−1.702	−1.929	−1.609	−0.684	−1.900	−1.198	−1.597	−0.749	−0.503
高力板	−0.673	−0.763	−0.633	−0.538	−1.700	−0.365	−0.930	1.021	−0.150
同发	1.117	1.556	0.843	−0.635	−1.500	−0.135	−0.930	2.110	5.505
白沙滩	0.273	0.318	−0.189	−0.263	0.497	−0.802	−0.930	−0.375	0.133
大安	0.486	0.535	0.477	−0.219	0.298	−0.667	−0.930	−0.150	0.769
塔虎城渡口	0.602	0.579	0.255	−0.280	1.496	−0.781	−0.262	−0.450	0.628
马克图	0.698	0.753	0.921	−0.192	0.497	−0.479	1.074	−0.273	1.052
龙头堡	−0.228	−0.152	0.255	−0.041	1.496	0.958	−0.262	−0.838	0.416
松林	0.746	0.658	1.364	0.076	1.097	0.594	1.741	−0.068	1.193
下岱吉	0.074	−0.083	0.144	−0.007	1.097	0.427	0.406	0.374	1.123
88 号照	0.355	0.020	−0.078	−0.044	0.697	0.292	0.406	0.102	1.123
肖家船口	−0.145	0.044	0.033	0.305	−0.302	0.885	−0.930	−0.940	−0.008

续表

监测断面	COD_{Mn}	COD	BOD_5	NH_3-N	TP	TN	Cu	氟化物	As
和平桥	−0.330	−0.069	0.699	0.258	−0.302	0.979	−0.930	−1.117	0.062
向阳	0.225	0.167	0.033	0.003	−0.102	0.333	−0.930	−1.212	0.204
振兴	−0.214	−0.194	0.366	0.331	0.298	0.500	−0.930	−0.116	−0.150
牛头山大桥	0.019	−0.024	0.144	0.760	0.497	0.208	−0.930	−0.919	−0.008
蔡家沟	0.218	0.399	0.699	0.261	0.098	−0.167	−0.930	−0.347	0.345
板子房	0.465	0.324	1.031	−0.002	0.497	−0.062	0.406	−0.232	0.699
牤牛河大桥	0.403	0.418	0.033	0.397	1.097	0.042	−0.930	−0.872	0.062
龙家亮子	2.331	2.892	5.691	3.261	3.095	3.281	−0.262	1.735	−0.998
牡丹江 1 号桥	1.199	1.565	−0.633	0.448	0.497	1.510	0.406	−0.661	−1.069
同江	1.665	1.046	−0.189	1.101	1.097	1.823	0.406	1.722	−1.493

2. 样本分类数 K 值的确定

经计算得表 6-10 的结果，当水质监测断面分为 10 组时，F 最大，因此，对于该组数据 K-均值聚类分析的 K 值应选取 10。

表 6-10　K-均值聚类分析验证结果

分类数	F
6	181.691
7	164.094
8	160.523
9	180.644
10	229.643

3. 聚类中心

利用 SPSS 23.0 软件的 K-均值聚类法得出的结果输出窗口可以看到统计表格（表 6-11～表 6-14）。首先，按 10 类进行聚合，从而确定初始聚类的各变量中心点（表 6-11），所得到的聚类中心为未经 K-均值聚类算法迭代的，即各类别的间距并非最优。

表 6-11　初始聚类中心

指标	1	2	3	4	5	6	7	8	9	10
COD_{Mn}	1.117	−1.140	0.450	2.301	0.281	2.331	−0.049	−0.790	−0.672	−0.318
COD	1.556	−1.275	0.470	1.715	0.320	2.892	0.241	−0.724	−0.717	−0.106
BOD_5	0.843	−0.979	0.421	−0.041	0.144	5.691	−0.189	−0.485	−0.331	−0.466
NH_3-N	−0.635	−0.538	−0.130	−0.281	0.382	3.261	5.550	−0.574	−0.270	−0.552
TP	−1.500	−1.500	0.557	−0.568	0.438	3.095	0.098	−0.834	0.255	−1.251
TN	−0.135	−0.651	−0.316	−0.927	0.707	3.281	−0.885	−0.993	−0.212	1.289
Cu	−0.930	−1.263	0.206	0.406	−0.596	−0.262	−0.262	2.409	0.120	0.072
氟化物	2.110	0.362	−0.193	−0.597	−0.530	1.735	−0.055	−0.706	−0.237	2.302
As	5.505	−0.097	0.684	−0.739	−0.164	−0.998	0.133	−0.550	−0.205	−0.680

为使各类别间距达到最优，需通过 K-均值聚类分析对以上的初始聚类中心进行迭代，具体迭代记录如表 6-12 所示。由于聚类中心中不存在变动或者仅有小幅变动，因此实现了收敛。任何中心的最大绝对坐标变动为 0.000。当前迭代为 6。初始中心之间的最小距离为 3.433。

表 6-12　迭代记录

迭代	聚类中心的变动									
	1	2	3	4	5	6	7	8	9	10
1	0.000	1.769	1.635	1.325	1.902	0.000	0.000	0.984	1.775	1.304
2	0.000	0.000	0.319	0.000	0.483	0.000	0.000	0.727	0.293	0.000
3	0.000	0.000	0.264	0.000	0.000	0.000	0.000	0.000	0.140	0.000
4	0.000	0.000	0.203	0.000	0.000	0.000	0.000	0.000	0.127	0.000
5	0.000	0.000	0.169	0.000	0.000	0.000	0.000	0.000	0.127	0.000
6	0.000	0.000	0.000	0.000	0.000	0.000	0.000	0.000	0.000	0.000

具体划分结果见表 6-13。

表 6-13　聚类成员

案例号	断面名称	聚类	距离	案例号	断面名称	聚类	距离
1	加西	8	1.453	27	永安	10	1.309
2	白桦下	8	0.466	28	煤窑	10	1.304
3	柳家屯	9	1.583	29	宝泉	2	1.051
4	石灰窑	4	1.325	30	野马图	2	1.769
5	嫩江浮桥	4	0.650	31	高力板	2	1.127
6	繁荣新村	4	1.196	32	同发	1	0.000
7	尼尔基大桥	3	1.696	33	白沙滩	3	1.520
8	小莫丁	9	1.898	34	大安	3	1.227
9	拉哈	9	1.639	35	塔虎城渡口	3	1.213
10	鄂温克族乡	9	1.709	36	马克图	3	1.149
11	古城子	9	1.445	37	龙头堡	5	1.549
12	萨马街	9	1.598	38	松林	3	2.192
13	兴鲜	9	1.687	39	下岱吉	3	1.391
14	新发	9	1.938	40	88 号照	3	1.084
15	大河	9	2.028	41	肖家船口	5	1.076
16	二节地	9	1.342	42	和平桥	5	1.406
17	金蛇湾码头	9	1.071	43	向阳	5	1.151
18	东明	9	1.087	44	振兴	5	0.952
19	苗家堡子	9	1.454	45	牛头山大桥	5	0.932
20	原种场	9	1.882	46	蔡家沟	5	1.271
21	两家子水文站	8	1.666	47	板子房	3	0.721
22	乌塔其农场	2	1.582	48	牤牛河大桥	5	1.093
23	莫呼渡口	3	1.550	49	龙家亮子	6	0.000
24	江桥	7	0.000	50	牡丹江 1 号桥	5	2.343
25	浩特营子	10	0.722	51	同江	5	3.548
26	林海	10	0.656				

表 6-14 为 K-均值聚类分析的聚类结果所形成的聚类中心的各变量值。汛期

时，按照优化后的 9 项水质监测指标分类，同发水质监测断面为第一类；第二类包括 4 个水质监测断面，分别是乌塔其农场、宝泉、野马图、高力板；第三类分别是尼尔基大桥、莫呼渡口、白沙滩、大安、塔虎城渡口、马克图、松林、下岱吉、88 号照、板子房 10 个水质监测断面；第四类的水质监测断面有 3 个，分别为石灰窑、嫩江浮桥、繁荣新村；第五类水质监测断面数为 10 个，分别为龙头堡、肖家船口、和平桥、向阳、振兴、牛头山大桥、蔡家沟、牤牛河大桥、牡丹江 1 号桥和同江；第六类与第七类水质监测断面数量与第一类相同，只有一个断面属于其中，第六类为龙家亮子，第七类为江桥；第八类水质监测断面有 3 个，分别为加西、白桦下、两家子水文站；第九类中含有最多数量的水质断面数共 14 个，由柳家屯、小莫丁、拉哈、鄂温克族乡、古城子、萨玛街、兴鲜、新发、大河、二节地、金蛇湾码头、东明、苗家堡子、原种场组成；第十类中含有 4 个水质监测断面，分别为浩特营子、林海、永安和煤窑。

表 6-14　最终聚类中心

指标	聚类									
	1	2	3	4	5	6	7	8	9	10
COD_{Mn}	1.117	−1.140	0.450	2.301	0.281	2.331	−0.049	−0.790	−0.672	−0.318
COD	1.556	−1.275	0.470	1.715	0.320	2.892	0.241	−0.724	−0.717	−0.106
BOD_5	0.843	−0.979	0.421	−0.041	0.144	5.691	−0.189	−0.485	−0.331	−0.466
NH_3-N	−0.635	−0.538	−0.130	−0.281	0.382	3.261	5.550	−0.574	−0.270	−0.552
TP	−1.500	−1.500	0.557	−0.568	0.438	3.095	0.098	−0.834	0.255	−1.251
TN	−0.135	−0.651	−0.316	−0.927	0.707	3.281	−0.885	−0.993	−0.212	1.289
Cu	−0.930	−1.263	0.206	0.406	−0.596	−0.262	−0.262	2.409	0.120	0.072
氟化物	2.110	0.362	−0.193	−0.597	−0.530	1.735	−0.055	−0.706	−0.237	2.302
As	5.505	−0.097	0.684	−0.739	−0.164	−0.998	0.133	−0.550	−0.205	−0.680

4. 结果分析

从表 6-15 中可以看出，水质监测断面可划分为 10 类，其中，划分为第三类、第五类、第九类水质监测断面占总监测断面的大部分。结合松花江流域省界缓冲区水质监测断面地理位置、所在水功能区等资料，按水质监测断面的优选原则来对上述 10 类监测断面进行优化分析。

表 6-15　每个聚类中的监测断面个数

聚类		有效	缺失
类别	监测断面个数		
1	1	51	0
2	4		
3	10		
4	3		
5	10		
6	1		
7	1		
8	3		
9	14		
10	4		

第一类中，仅有同发断面，同发为新增断面且该分类中仅有唯一的水质监测断面，故应保留。

第二类中，乌塔其农场断面为国控断面，故应保留。宝泉和野马图这两个断面，虽然宝泉距省界较远，但该断面为国控断面，则可以考虑将这两个断面合并为宝泉断面。其他断面都保留。

第三类中，由于尼尔基水库具有重要的水生态环境意义，因此，保留尼尔基大桥断面。大安和马克图虽均处在嫩江黑吉缓冲区，但分别位于不同的省份，则这两个断面均需保留。板子房为拉林河一级支流监测断面，虽监测数据的代表性较差，但由于板子房为国控断面，则应保留。其他断面都保留。

第四类中，嫩江浮桥隶属于嫩江黑吉缓冲区，石灰窑位于嫩江黑蒙缓冲区，断面设置为不同省份，均应保留。其他断面都保留。

第五类中，牛头山大桥、蔡家沟拉为林河一级支流监测断面，这两个断面距省界距离较远，监测数据的代表性极差，保留一个即可。和平桥和牤牛河大桥属于新增断面。肖家船口和同江均为国控断面，必须保留。新发和龙头堡为新增断面，从数据的获取率上分析，龙头堡的获取率低于 50%，因此应考虑删除。其他断面都保留。

第六类和第七类中，均只有一个水质监测断面。第六类中只有龙家亮子一个监测断面，设置在卡岔河上，属于新增断面，故应保留。第七类中的断面也保留。

第八类中，加西、白桦下位于甘河蒙黑缓冲区，断面情况及水质状况评价结果相似，故可以考虑将两个监测断面合并成一个。其他断面都保留。

第九类中，古城子和萨马街均位于诺敏河蒙黑缓冲区，可以考虑合并，其中古城子为国控断面，因此删除萨马街断面，保留古城子。大河和新发在音河流域上，大河断面较新发断面距省界距离较远，采样时较为不便，可以考虑把大河断面上升为新发断面。金蛇湾码头为国控断面，必须保留。小莫丁为国控断面，应保留。其他断面都保留。

第十类中，永安和煤窑断面均是新增的，断面的相似性极高，但是煤窑断面的数据获取率极低，同时根据距省界距离选择保留永安断面。其他断面都保留。

6.3.3 非汛期水质 *K*-均值聚类分析

1. 水质监测断面监测数据标准化处理

为消除不同水质监测指标间的量纲差异，使各数据之间具有可比性，需要对数据进行标准化处理，标准化后的数据结果见表 6-16。

表 6-16　标准化后数据

监测断面	COD_{Mn}	COD	BOD_5	NH_3-N	TP	TN	Cu	氟化物	As
加西	−0.585	−0.807	−0.297	−0.479	−0.423	−0.534	3.077	−1.187	−0.557
白桦下	−0.439	−0.457	−0.256	−0.383	−0.294	−0.416	0.353	−1.046	−0.448
柳家屯	−0.685	−0.526	−0.256	−0.468	−0.423	−0.574	−0.275	−1.066	−0.448
石灰窑	1.195	0.965	−0.459	−0.183	−0.940	−0.436	−0.485	−0.435	−0.882
嫩江浮桥	0.595	−0.059	−0.459	−0.259	−0.940	−0.376	−0.485	−0.385	−0.882
繁荣新村	0.635	0.454	6.477	−0.216	−0.035	−0.381	0.563	−0.696	−0.123
尼尔基大桥	1.388	1.329	0.150	−0.322	−0.035	−0.564	3.287	−0.596	0.527
小莫丁	1.455	1.176	−0.053	−0.189	−0.165	−0.426	0.144	−0.395	0.310
拉哈	1.435	1.317	0.028	−0.086	−0.165	−0.421	0.144	0.045	0.527
鄂温克族乡	1.508	1.373	0.068	−0.333	−0.035	−0.495	−0.485	−0.706	0.418
古城子	−0.865	−0.403	−0.297	−0.333	−0.294	−0.549	−0.694	−0.445	−0.232
萨马街	−0.979	−0.878	−0.337	−0.344	−0.294	−0.470	−0.275	−0.656	−0.015
兴鲜	−1.186	−0.986	−0.499	−0.325	−0.423	0.103	−0.485	−0.005	−0.123
新发	−0.572	−0.606	−0.256	−0.231	−0.035	0.448	−0.694	0.346	−0.448
大河	−0.745	−0.473	−0.378	0.031	−0.035	0.443	−0.485	1.408	−0.340
二节地	−0.785	−0.876	−0.256	−0.144	−0.165	0.448	−0.066	−0.445	−0.015

续表

监测断面	COD_{Mn}	COD	BOD_5	NH_3-N	TP	TN	Cu	氟化物	As
金蛇湾码头	−0.705	−0.761	−0.215	−0.169	−0.294	0.364	−0.275	−0.305	−0.015
东明	−1.172	−1.268	−0.418	−0.264	−0.423	−0.460	0.144	−0.325	−0.665
苗家堡子	−1.139	−1.103	−0.418	−0.216	−0.294	−0.312	0.982	−0.355	−0.448
原种场	−1.072	−1.141	−0.418	−0.281	−0.035	−0.031	−0.485	0.576	−0.123
两家子水文站	−1.092	−1.193	−0.337	−0.315	−0.682	−0.480	−0.485	0.306	−0.123
乌塔其农场	−0.932	−1.103	−0.337	−0.209	−0.423	−0.510	0.144	0.997	0.527
莫呼渡口	0.475	0.158	−0.013	0.088	0.611	−0.391	−0.066	0.186	0.418
江桥	−0.199	−0.310	−0.256	−0.199	0.223	−0.386	−0.275	0.646	0.527
浩特营子	−0.579	0.557	0.231	−0.186	−0.035	1.431	−0.066	3.391	−1.098
林海	−0.632	−0.071	0.109	−0.202	−0.294	1.589	−0.275	3.301	−1.098
永安	−0.965	−0.815	−0.507	−0.522	−0.940	0.182	−0.904	0.676	−1.857
煤窑	−1.286	−1.097	−0.524	−0.553	−1.069	−0.026	−0.904	0.476	−1.857
宝泉	−1.559	−1.368	−0.540	−0.599	−1.069	−0.189	−0.904	−0.225	−1.857
野马图	−1.726	−1.775	−0.678	−0.615	−1.199	−0.510	−0.904	−1.127	−1.748
高力板	−1.146	−1.218	−0.556	−0.460	−0.940	−0.608	−0.904	−0.325	−1.315
同发	−0.972	−0.996	−0.520	−0.476	−1.199	−0.668	−0.904	0.276	2.369
白沙滩	0.635	0.482	−0.094	−0.028	2.807	−0.406	0.144	0.105	0.527
大安	0.681	0.569	0.109	0.023	1.644	−0.386	2.658	0.085	0.960
塔虎城渡口	0.568	0.655	0.068	−0.191	0.481	−0.524	3.287	−0.145	0.635
马克图	1.041	0.883	0.231	0.238	0.352	−0.396	0.563	0.576	0.852
龙头堡	0.141	0.315	−0.094	−0.253	0.481	−0.065	−0.485	0.236	−0.015
松林	1.255	1.174	0.434	0.264	0.740	−0.095	−0.066	0.065	1.827
下岱吉	0.895	0.728	0.068	0.173	0.481	−0.085	0.563	1.007	1.610
88 号照	0.728	0.583	0.068	0.184	0.352	−0.080	−0.066	0.676	1.177
肖家船口	0.155	0.005	0.068	0.123	−0.165	0.251	−0.485	−0.966	0.310
和平桥	0.268	0.275	0.231	0.503	0.223	0.364	−0.275	−0.806	0.852
向阳	−0.059	−0.097	−0.175	0.145	−0.165	−0.154	−0.485	−1.217	0.310
振兴	0.201	0.148	0.028	0.356	0.223	0.078	−0.485	−0.756	0.635
牛头山大桥	0.541	0.341	0.068	0.226	0.611	−0.006	−0.066	−0.916	1.502
蔡家沟	0.581	0.339	0.190	0.343	0.223	0.028	−0.066	−0.756	1.069
板子房	0.781	0.844	0.109	0.387	0.611	−0.065	−0.485	−0.155	1.719
牤牛河大桥	0.348	0.197	−0.134	0.142	0.094	−0.268	−0.275	−1.197	0.635
龙家亮子	2.695	3.691	1.813	6.729	5.004	6.180	−0.485	2.229	−0.882
牡丹江 1 号桥	0.455	0.760	−0.215	−0.048	−0.811	0.182	−0.066	−0.836	−1.315
同江	1.421	1.070	−0.297	0.125	−0.423	0.655	−0.485	0.867	−1.315

2. 样本分类数K值的确定

如表 6-17 所述，当水质监测断面分为 6 组时，*F* 最大，因此，对于该组数据 *K*-均值聚类分析的 *K* 值应选取 6。

表 6-17　*K*-均值聚类分析验证结果

分类数	*F*
6	761.980
7	665.369
8	602.62
9	484.223
10	587.275

3. 聚类中心

通过 *K*-均值聚类法得出的结果，如表 6-18～表 6-21 所示。松花江流域省界缓冲区 51 个水质监测断面按 9 项指标进行聚合，确定初始聚类的各变量中心点，所得到的聚类中心为未经 *K*-均值聚类算法迭代的，即各类别的间距并非最优。

表 6-18　初始聚类中心

指标	1	2	3	4	5	6
COD_{Mn}	−0.972	1.388	2.695	0.635	−0.579	0.635
COD	−0.996	1.329	3.691	0.482	0.557	0.454
BOD_5	−0.520	0.150	1.813	−0.094	0.231	6.477
NH_3-N	−0.476	−0.322	6.729	−0.028	−0.186	−0.216
TP	−1.199	−0.035	5.004	2.807	−0.035	−0.035
TN	−0.668	−0.564	6.180	−0.406	1.431	−0.381
Cu	−0.904	3.287	−0.485	0.144	−0.066	0.563
氟化物	0.276	−0.596	2.229	0.105	3.391	−0.696
As	2.369	0.527	−0.882	0.527	−1.098	−0.123

表 6-19　迭代记录

迭代	聚类中心的变动					
	1	2	3	4	5	6
1	2.869	1.685	0.000	2.465	2.132	0.000
2	0.168	1.132	0.000	0.104	0.432	0.000
3	0.151	0.000	0.000	0.088	0.534	0.000
4	0.082	0.000	0.000	0.084	0.000	0.000
5	0.000	0.000	0.000	0.000	0.000	0.000

为使各类别间距达到最优，通过 K-均值聚类分析对初始聚类中心进行迭代。由于聚类中心中不存在变动或者仅有小幅变动，因此实现了收敛。任何中心的最大绝对坐标变动为 0.000。当前迭代为 5。初始中心之间的最小距离为 4.462，具体划分结果见表 6-20。

表 6-20　聚类成员

案例号	断面名称	聚类	距离	案例号	断面名称	聚类	距离
1	加西	2	2.244	27	永安	1	1.767
2	白桦下	1	1.333	28	煤窑	1	1.745
3	柳家屯	1	1.060	29	宝泉	1	1.763
4	石灰窑	4	2.262	30	野马图	1	2.205
5	嫩江浮桥	1	1.763	31	高力板	1	1.203
6	繁荣新村	6	0.000	32	同发	1	3.084
7	尼尔基大桥	2	1.370	33	白沙滩	4	2.552
8	小莫丁	4	1.295	34	大安	2	1.563
9	拉哈	4	1.309	35	塔虎城渡口	2	0.514
10	鄂温克族乡	4	1.492	36	马克图	4	1.249
11	古城子	1	0.811	37	龙头堡	4	1.172
12	萨马街	1	0.813	38	松林	4	1.567
13	兴鲜	1	0.678	39	下岱吉	4	1.727
14	新发	1	1.140	40	88 号照	4	1.040
15	大河	5	1.581	41	肖家船口	4	1.335
16	二节地	1	1.053	42	和平桥	4	1.049
17	金蛇湾码头	1	0.895	43	向阳	4	1.565
18	东明	1	0.824	44	振兴	4	0.951
19	苗家堡子	1	1.467	45	牛头山大桥	4	1.129
20	原种场	1	1.102	46	蔡家沟	4	0.769
21	两家子水文站	1	0.816	47	板子房	4	1.190
22	乌塔其农场	1	1.729	48	牤牛河大桥	4	1.118
23	莫呼渡口	4	0.772	49	龙家亮子	3	0.000
24	江桥	4	1.591	50	牡丹江 1 号桥	1	2.412
25	浩特营子	5	1.411	51	同江	5	2.316
26	林海	5	1.374				

表 6-21 为形成的聚类中心的各变量值。在对优化后的 9 项水质监测指标分类后，白桦下、柳家屯、嫩江浮桥、古城子、萨马街、兴鲜、新发、二节地、金蛇湾码头、东明、苗家堡子、原种场、两家子水文站、乌塔其农场、永安、煤窑、宝泉、野马图、高力板、同发、牡丹江 1 号桥水质监测断面共 21 个监测断面为第一类，数量最多；第二类包括 4 个水质监测断面，分别是加西、尼尔基大桥、大安、塔虎城渡口；第三类中仅有一个龙家亮子水质监测断面；第四类水质监测断面数量仅次于第一类断面，共有 20 个，分别为石灰窑、小莫丁、拉哈、鄂温克族乡、莫呼渡口、江桥、白沙滩、马克图、龙头堡、松林、下岱吉、88 号照、肖家船口、和平桥、向阳、振兴、牛头山大桥、蔡家沟、板子房、牤牛河大桥；第五类水质监测断面数为 4 个，分别为大河、浩特营子、林海、同江；第六类水质监测断面仅含有一个繁荣新村。

表 6-21　最终聚类中心

指标	聚类					
	1	2	3	4	5	6
COD_{Mn}	−0.868	0.513	2.695	0.669	−0.134	0.635
COD	−0.851	0.437	3.691	0.545	0.271	0.454
BOD_5	−0.395	0.008	1.813	0.016	−0.084	6.477
NH_3-N	−0.344	−0.242	6.729	0.095	−0.058	−0.216
TP	−0.583	0.417	5.004	0.320	−0.197	−0.035
TN	−0.212	−0.502	6.180	−0.173	1.029	−0.381
Cu	−0.385	3.077	−0.485	−0.150	−0.328	0.563
氟化物	−0.185	−0.460	2.229	−0.238	2.241	−0.696
As	−0.526	0.391	−0.882	0.716	−0.963	−0.123

4. 聚类结果检验

松花江流域省界缓冲区的 51 个水质监测断面在 6 个类别中是存在着显著差异的（表 6-22），结果有效。

表 6-22　ANOVA 表

指标	聚类		误差		F	sig
	均方	df	均方	df		
COD_{Mn}	6.713	5	0.365	45	18.381	0.000
COD	7.205	5	0.311	45	23.197	0.000
BOD_5	9.710	5	0.032	45	300.944	0.000
NH_3-N	9.647	5	0.039	45	246.275	0.000
TP	7.016	5	0.332	45	21.166	0.000
TN	9.026	5	0.108	45	83.384	0.000
Cu	8.483	5	0.169	45	50.326	0.000
氟化物	5.651	5	0.483	45	11.693	0.000
As	4.236	5	0.640	45	6.614	0.000

5. *K*-均值聚类分析结果分析

统计每个类别中的水质监测断面的个数分配情况如表 6-23 所示。

表 6-23　每个聚类中的监测断面个数

聚类		有效	缺失
类别	监测断面个数		
1	21	51	0
2	4		
3	1		
4	20		
5	4		
6	1		

从表 6-23 可以看出，水质监测断面可划分为 6 类，其中，划分为第一类和第四类的水质监测断面占总数的大部分。结合松花江流域省界缓冲区水质监测断面地理位置、断面性质等资料，按水质监测断面的优选原则对上述 6 类监测断面进行优化分析。监测断面优化结果见表 6-24。

表 6-24　监测断面优化结果

第一类	第二类	第三类	第四类	第五类	第六类
柳家屯、嫩江浮桥、古城子、兴鲜、新发、二节地、金蛇湾码头、东明、苗家堡子、原种场、两家子水文站、乌塔其农场、永安、宝泉、高力板、牡丹江 1 号桥	加西、尼尔基大桥、大安、塔虎城渡口	龙家亮子	小莫丁、拉哈、鄂温克族乡、白沙滩、马克图、松林、下岱吉、88 号照、肖家船口、和平桥、向阳、振兴、板子房、牤牛河大桥、石灰窑、江桥、莫呼渡口	大河、浩特营子、林海、同江	繁荣新村

第一类中，白桦下、柳家屯均位于甘河蒙黑缓冲区，断面情况及水质状况评价结果相似，由于柳家屯位于甘河的保留区内，则该断面保留。而白桦下与柳家屯断面距省界缓冲区的距离相距很近，则柳家屯断面情况可以同样反映该流域的水质状况，因此，上述两个监测断面仅保留柳家屯即可。古城子和萨马街均位于诺敏河蒙黑缓冲区，可以考虑合并，其中古城子为国控断面，因此删除萨马街断面，保留古城子断面。在这类断面中，新发、乌塔其农场为新增断面，其中乌塔其农场为国控断面，故应保留。同发断面的数据获取率极低，所在的霍林河经常出现断流现象，故应删除。永安和煤窑断面均是新增的，断面的相似性极高，但是煤窑断面的数据获取率极低，同时根据距省界距离选择保留永安断面。宝泉和野马图这两个断面，虽然宝泉距省界较远，但该断面为考核断面，则可以考虑将这两个断面合并为宝泉断面。金蛇湾码头为国控断面，必须保留。其他断面都保留。

第二类中，水质监测断面中由于尼尔基水库具有重要的水生态意义，因此，保留尼尔基大桥断面。塔虎城渡口隶属于嫩江黑吉缓冲区，加西位于甘河蒙黑缓冲区，故均应保留。其他断面都保留。

第三类中，只有龙家亮子一个监测断面，设置在卡岔河上，属于新增断面，故应保留。

第四类中，牛头山大桥、蔡家沟和板子房断面为拉林河一级支流监测断面，这三个断面距省界距离较远，且监测数据的代表性极差，保留一个即可，但由于板子房断面为国控断面，则应保留。肖家船口为国控断面，必须保留。在这类断面中，和平桥和牤牛河大桥属于新增断面。从数据的获取率上分析，龙头堡的获取率低于50%，因此应考虑删除。小莫丁为国控断面，应保留。其他断面都保留。

第五类中，同江为国控断面，必须保留。大河在音河流域上，大河断面距省界距离较远，采样时较为不便，可以考虑把大河断面删除。其他断面都保留。

第六类中，只有繁荣新村一个断面，则应保留。

6.4　本章小结

采用*K*-均值聚类法对松花江流域省界缓冲区水质监测断面进行分析，有助于厘清各水质监测断面之间的相互关系，明确不同类别监测断面的监控性质，真正实现水质监测断面优化的目的。利用*K*-均值聚类分析并借助SPSS 23.0 软件，可以得到松花江流域省界缓冲区水质监测断面所属类别，将水质监测断面分为全年、汛期和非汛期并对每一类别中的监测断面进行优化分析。根据*K*-均值聚类法分析结果，基本上实现了对监测断面的删除、合并和新增。经过优化后，根据松花江流域省界缓冲区监测断面的地理位置等自然属性和监测指标优选原则，将监测断面优选，删除掉重复水质监测断面，大大减小了水质监测的工作量，节约了监测费用。

第7章　多层感知器

多层感知器（multilayer perceptron，MLP）是一种前向结构的人工神经网络，映射一组输入向量到一组输出向量。MLP 可以被看作是一个有向图，由多个节点层所组成，每一层都全连接到下一层。除了输入节点，每个节点都是一个带有非线性激活函数的神经元。反向传播算法的监督学习方法常被用来训练 MLP，在模式识别领域中是标准监督的学习算法，并在计算神经学及并行分布式处理领域中，成为被研究的课题。MLP 是感知器的推广，克服了感知器不能对线性不可分数据进行识别的弱点。近年来，由于深度学习的广泛应用，MLP 又重新得到了关注。

7.1　多层感知器原理简介

MLP 除了输入输出层，中间可以有多个隐藏层，最简单的 MLP 只含一个隐藏层，即三层的结构（图 7-1）。

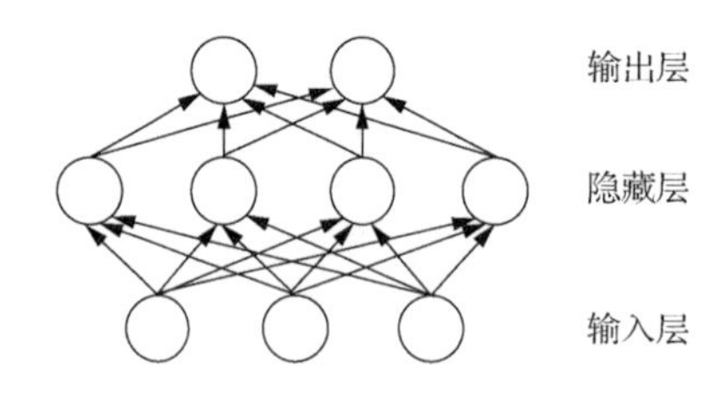

图 7-1　多层感知器示意图

从图 7-1 中可知，多层感知器层与层之间是全连接的（全连接：上一层的任何一个神经元与下一层的所有神经元都有连接）。多层感知器最底层是输入层，中间是隐藏层，最后是输出层。

7.2　程 序 运 行

7.2.1　菜单参数

1. 随机数生成器

如图 7-2 所示，要运行多层感知器分析，需从菜单中选择：转换 > 随机数生成器。

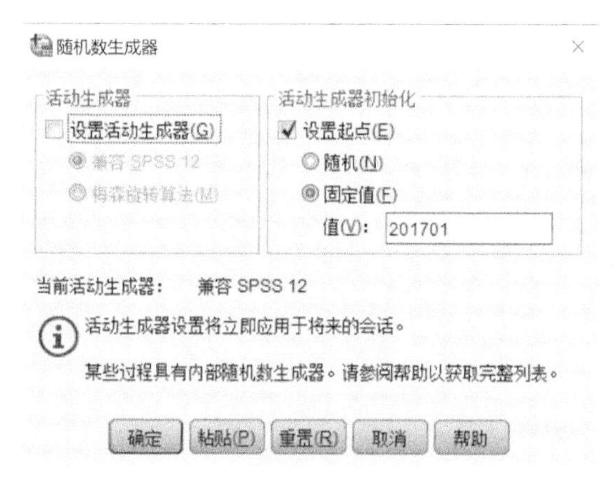

图 7-2　随机数生成器

“设置起点”设置为起始日期 201701。

2. 计算变量

选择：转换 > 计算变量，如图 7-3 所示。

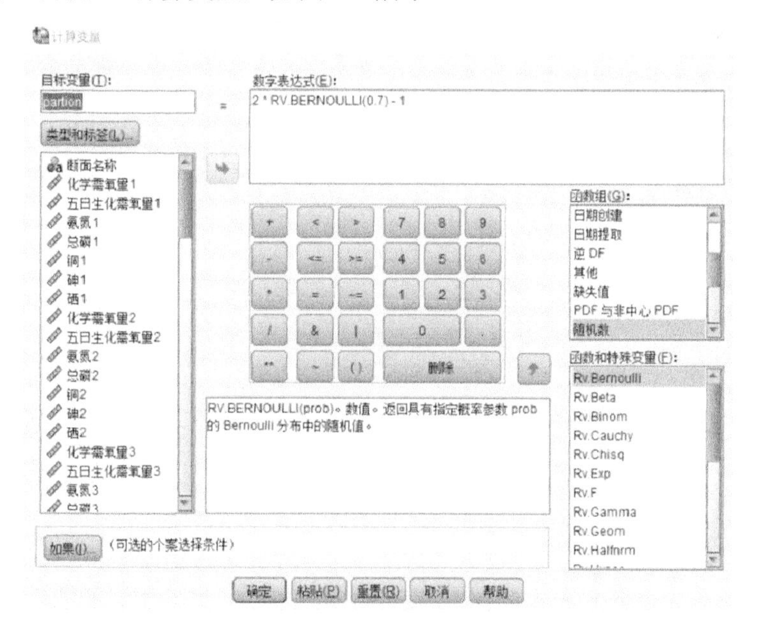

图 7-3　计算变量

选择：函数组>随机数，函数和特殊变量>Rv.Bernoulli。在数字表达式中输入：2 * RV.BERNOULLI(0.7)–1。

7.2.2 神经网络分析

1. 分析 > 神经网络 > 多层感知器

如图 7-4 所示，“多层感知器”主面板共有 8 个选项卡，至少需要设置 “变量”“分区”“输出”“保存”“导出”5 个选项卡，其他使用软件默认设置。

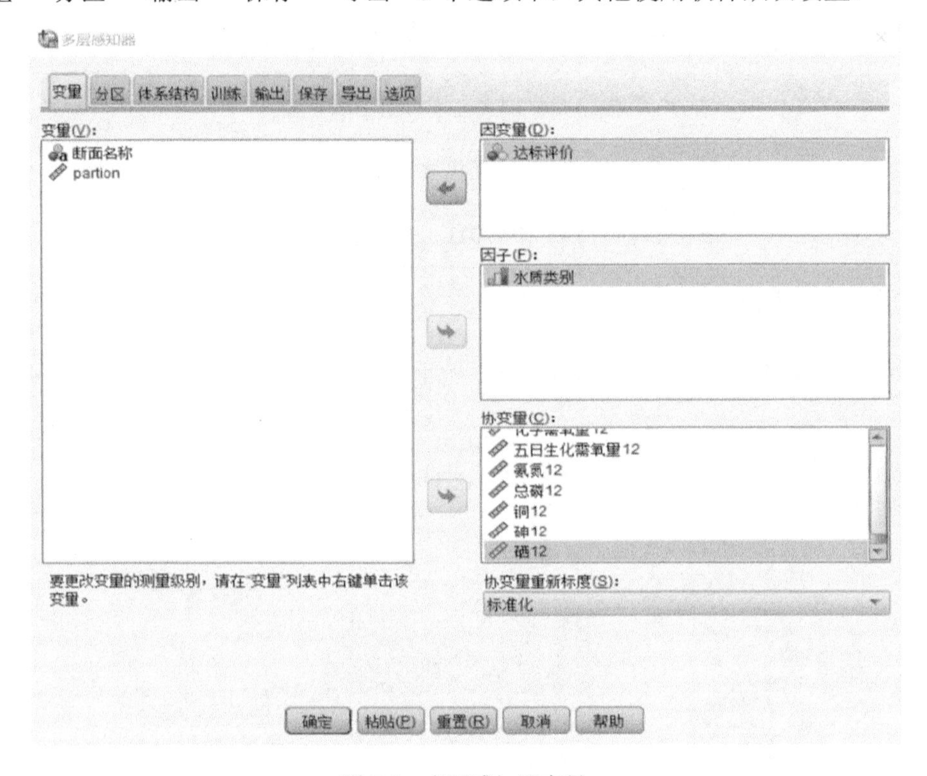

图 7-4　多层感知器变量

2. “变量”选项卡

将“水质类别”移入因变量框；

将分类变量“是否达标”移入因子框；

将 1～12 月份的铜、硒、化学需氧量、五日生化需氧量、氨氮、总磷和砷移入“协变量”框；

因各协变量量纲不同，选择“标准化”处理。

3. “分区”选项卡

如图 7-5 所示，“分区”选项卡中，要求对原始数据文件进行随机化抽样，将数据划分为“训练样本”“支持样本”“检验样本”3 个区块，为了随机过程可重复，所以此处指定固定种子一枚。

图 7-5　多层感知器分区

初次建模，先抽样 70%作为训练样本，用于完成自学习构建神经网络模型，30%作为支持样本，用于评估所建立模型的性能，暂不分配检验样本。

4. “输出”选项卡

如图 7-6 所示，网络结构勾选“描述”“图”；网络性能勾选“模型摘要”“分类结果”；勾选“个案处理摘要”；勾选“自变量重要性分析”。

这是第一次尝试性的分析，主要参数设置如上，其他选项卡均接受软件默认设置，最后返回主面板，点击“确定”按钮，软件开始执行 MLP 过程。

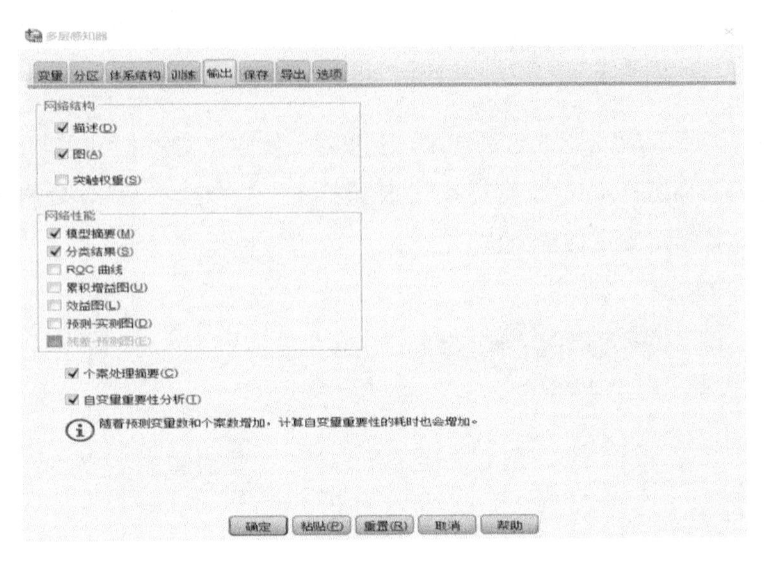

图 7-6　多层感知器输出

5. “保存”选项卡

如图 7-7 所示，勾选“保存每个因变量的预测值或类别”“保存每个因变量的预测拟概率”。

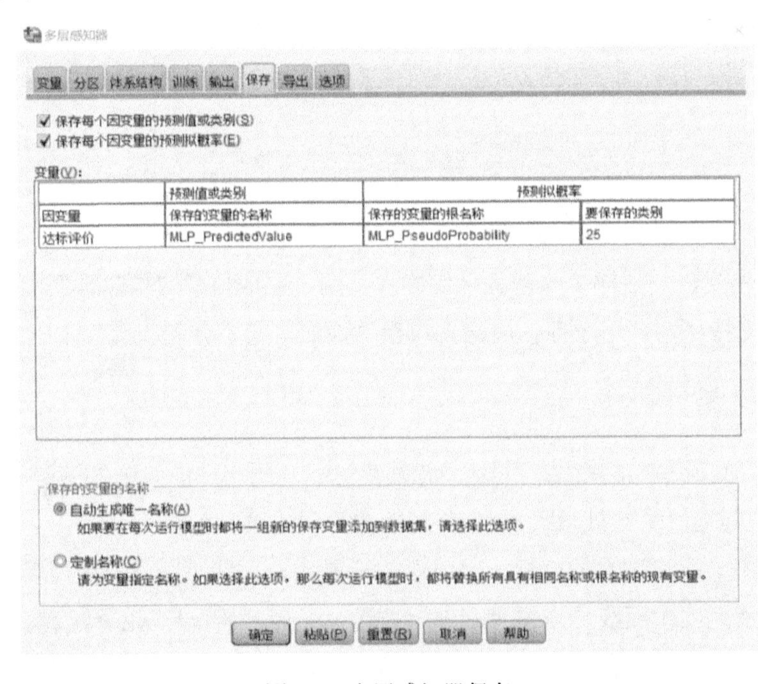

图 7-7　多层感知器保存

6. “导出”选项卡

如图 7-8 所示，勾选“将突触权重估算值导出到 XML 文件”，给 XML 模型文件起名并指定存放路径。

图 7-8　多层感知器导出

7.3　神经网络程序结果输出与分析

7.3.1　结果输出

该数据包含 2017 年的 1～12 月份的松花江 51 个断面水质数据及 6 个环境指标（溶解氧、高锰酸盐指数、化学需氧量、五日生化需氧量、氨氮、总磷），最终评价水功能区是否达标。用 2017 年的随机样本创建多层感知器神经网络模型，最终我们用此模型对水功能区进行分类及评价。

第一次分析产生的结果如表 7-1 所示，首次构建的 MLP 神经网络模型全部有效，独立的支持样本检验模型（训练数集）的训练个案数为 27，占 71.1%。测试数据为 11 个，占 28.9%。

表 7-1　个案处理摘要

样本	个案数	百分比/%
训练	27	71.1
坚持	22	28.9
有效	38	100.0
排除	13	—
总计	51	—

如表 7-2 所示，模型包括 1 个输入层、1 个隐藏层（9 个神经元）和 1 个输出层，输入层神经元个数 84 个，隐藏层 1 个，输出层 2 个。

表 7-2（a）　输入层网络信息

序号	协变量	序号	协变量	序号	协变量	序号	协变量
1	水质类别[①]	23	化学需氧量 4	45	五日生化需氧量 7	67	氨氮 10
2	化学需氧量 1	24	五日生化需氧量 4	46	氨氮 7	68	总磷 10
3	五日生化需氧量 1	25	氨氮 4	47	总磷 7	69	铜 10
4	氨氮 1	26	总磷 4	48	铜 7	70	砷 10
5	总磷 1	27	铜 4	49	砷 7	71	硒 10
6	铜 1	28	砷 4	50	硒 7	72	化学需氧量 11
7	砷 1	29	硒 4	51	化学需氧量 8	73	五日生化需氧量 11
8	硒 1	30	化学需氧量 5	52	五日生化需氧量 8	74	氨氮 11
9	化学需氧量 2	31	五日生化需氧量 5	53	氨氮 8	75	总磷 11
10	五日生化需氧量 2	32	氨氮 5	54	总磷 8	76	铜 11
11	氨氮 2	33	总磷 5	55	铜 8	77	砷 11
12	总磷 2	34	铜 5	56	砷 8	78	硒 11
13	铜 2	35	砷 5	57	硒 8	79	化学需氧量 12
14	砷 2	36	硒 5	58	化学需氧量 9	80	五日生化需氧量 12
15	硒 2	37	化学需氧量 6	59	五日生化需氧量 9	81	氨氮 12
16	化学需氧量 3	38	五日生化需氧量 6	60	氨氮 9	82	总磷 12
17	五日生化需氧量 3	39	氨氮 6	61	总磷 9	83	铜 12
18	氨氮 3	40	总磷 6	62	铜 9	84	砷 12
19	总磷 3	41	铜 6	63	砷 9	85	硒 12
20	铜 3	42	砷 6	64	硒 9		
21	砷 3	43	硒 6	65	化学需氧量 10		
22	硒 3	44	化学需氧量 7	66	五日生化需氧量 10		

注：单元数（排除偏差单元）为 87。
协变量的重新标度方法为标准化。
①因子。

表 7-2（b）　隐藏层网络信息

隐藏层数	隐藏层 1 中的单元数①	激活函数
1	3	双曲正切

注：①排除偏差单元。

表 7-2（c）　输出层网络信息

因变量	单元数	激活函数	误差函数
达标评价	2	Softmax	交叉熵

输入层包含 1～12 月份的 7 个环境指标（铜、硒、化学需氧量、五日生化需氧量、氨氮、总磷和砷），化学需氧量 1 代表 1 月份化学需氧量的数值，其他的以此类推。总计 12×7=84 个神经元。

输出层包含 0、1，0 代表水质达标，1 代表水质未达标。

7.3.2　神经网络模型分析

模型误差在 1 个连续步骤中未出现优化减少现象，模型按预定中止。训练集的预测错误率为 0.0%，测试集的预测错误百分比为 18.2%（表 7-3），说明模型效果好。

表 7-3　模型摘要

样本	指标	结果
训练	交叉熵误差	0.006
	不正确预测百分比	0.0%
	使用的中止规则	已实现训练误差率准则（0.001）
	训练时间	0:00:00.02
测试	不正确预测百分比	18.2%

模型分类表主要是预测错误的数量统计。软件默认采用 0.5 作为正确和错误的概率分界，0 代表水质达标，1 代表水质未达标。将两大分区样本的正确率进行交叉对比，训练样本中，显示出水质类别为 0（达标）的占 92.6%，即水质达标占比多。测试样本中，显示出水质类别为 0（达标）的占 81.8%（表 7-4），即水质达标占比多，说明模型很好。

表 7-4　分类

样本	实测	预测		
		0	1	正确百分比/%
训练	0	25	0	100.0
	1	0	2	100.0
	总体百分比	92.6%	7.4%	100.0
测试	0	9	2	81.8
	1	0	0	0.0
	总体百分比	81.8%	18.2%	81.8

重要性图为重要性表格中值的条形图，以重要性值降序排序。其显示与总磷、氨氮相关的变量对于水质类别有重大影响（表 7-5、图 7-9）。其中 11 月氨氮、9 月总磷对全年水质是否达标影响最大。

表 7-5　自变量重要性

序号	自变量	重要性	正态化重要性/%	序号	自变量	重要性	正态化重要性/%
1	水质类别	0.01	28.40	16	化学需氧量 3	0.021	56.50
2	化学需氧量 1	0.013	35.00	17	五日生化需氧量 3	0.021	57.40
3	五日生化需氧量 1	0.008	21.30	18	氨氮 3	0.007	20.40
4	氨氮 1	0.013	36.50	19	总磷 3	0.002	4.90
5	总磷 1	0.002	4.30	20	铜 3	0.003	8.60
6	铜 1	0.001	3.10	21	砷 3	0.021	57.10
7	砷 1	0.006	15.40	22	硒 3	0.014	37.20
8	硒 1	0.021	57.20	23	化学需氧量 4	0.003	7.20
9	化学需氧量 2	0.016	44.00	24	五日生化需氧量 4	0.011	30.70
10	五日生化需氧量 2	0.021	57.60	25	氨氮 4	0.007	20.20
11	氨氮 2	0.007	19.80	26	总磷 4	0.014	38.40
12	总磷 2	0.008	20.90	27	铜 4	0.002	4.30
13	铜 2	0.006	16.70	28	砷 4	0.014	37.90
14	砷 2	0.004	11.20	29	硒 4	0.022	60.90
15	硒 2	0.002	4.20	30	化学需氧量 5	0.008	22.20

续表

序号	自变量	重要性	正态化重要性/%	序号	自变量	重要性	正态化重要性/%
31	五日生化需氧量 5	0.007	19.40	59	五日生化需氧量 9	0.006	17.00
32	氨氮 5	0.022	61.10	60	氨氮 9	0.009	23.90
33	总磷 5	0.033	90.10	61	总磷 9	0.029	79.90
34	铜 5	0.007	19.50	62	铜 9	0.011	29.80
35	砷 5	0.004	10.90	63	砷 9	0.006	17.60
36	硒 5	0.026	71.90	64	硒 9	0.013	34.40
37	化学需氧量 6	0.006	16.40	65	化学需氧量 10	0.023	63.40
38	五日生化需氧量 6	0.021	57.70	66	五日生化需氧量 10	0.005	12.40
39	氨氮 6	0.021	56.30	67	氨氮 10	0.005	14.60
40	总磷 6	0.006	15.60	68	总磷 10	0.004	10.50
41	铜 6	0.004	12.20	69	铜 10	0.01	27.30
42	砷 6	0.003	9.00	70	砷 10	0.006	15.40
43	硒 6	0.034	93.10	71	硒 10	0.011	31.30
44	化学需氧量 7	0.02	53.50	72	化学需氧量 11	0.012	34.00
45	五日生化需氧量 7	0.005	14.90	73	五日生化需氧量 11	0.015	40.20
46	氨氮 7	0.01	26.80	74	氨氮 11	0.037	100.00
47	总磷 7	0.016	44.40	75	总磷 11	0.017	46.70
48	铜 7	0.005	13.60	76	铜 11	0.021	58.50
49	砷 7	0.015	42.30	77	砷 11	0.012	31.50
50	硒 7	0.019	51.50	78	硒 11	0.01	27.80
51	化学需氧量 8	0.009	23.30	79	化学需氧量 12	0.008	22.20
52	五日生化需氧量 8	0.017	47.30	80	五日生化需氧量 12	0.007	19.50
53	氨氮 8	0.022	60.90	81	氨氮 12	0.006	17.70
54	总磷 8	0.016	42.80	82	总磷 12	0.003	8.40
55	铜 8	0.003	7.60	83	铜 12	0.006	17.00
56	砷 8	0.005	13.80	84	砷 12	0.011	31.40
57	硒 8	0.014	38.20	85	硒 12	0.017	45.40
58	化学需氧量 9	0.002	6.60				

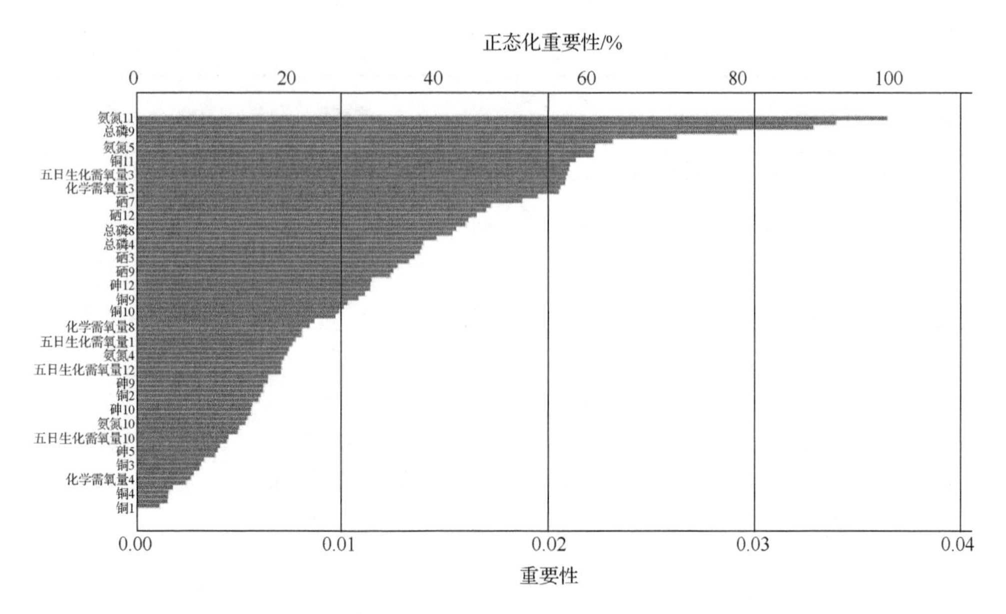

图 7-9　正态化重要性

7.4　本 章 小 结

数据文件包含松花江 51 个断面 2017 年 1～12 月份的水质数据及 7 项指标（铜、硒、化学需氧量、五日生化需氧量、氨氮、总磷和砷）的监测数据，评价水功能区水质类别及水质监测因子是否达标。通过多层感知器的数量统计，训练样本中，显示出水质类别为 0（达标）的占 92.6%，即水质达标占比多。测试样本中，显示出水质类别为 0（达标）的占 81.8%，即水质达标占比多，说明多层感知器模型效果很好。

第8章　微生物监测与评价

随着微生物研究技术的快速发展，高通量测序技术广泛应用到地表水体的微生物监测。相对于常规水质理化指标，微生物对水体环境的变化更加敏感，因此流域水体中微生物变化情况与环境因子的相关性具有重要的研究意义。微生物的变化可能引起水体的环境因子发生变化，因此，本章主要探讨松花江典型省界缓冲区中微生物群落与环境因子相关性。

8.1　水体中微生物监测与评价

8.1.1　典型断面水质情况分析

监测松花江流域省界缓冲区 2016 年 1～10 月的 24 个典型断面的水质情况。典型水质指标测定结果的平均值如图 8-1 所示。从水质指标监测的平均值可以看

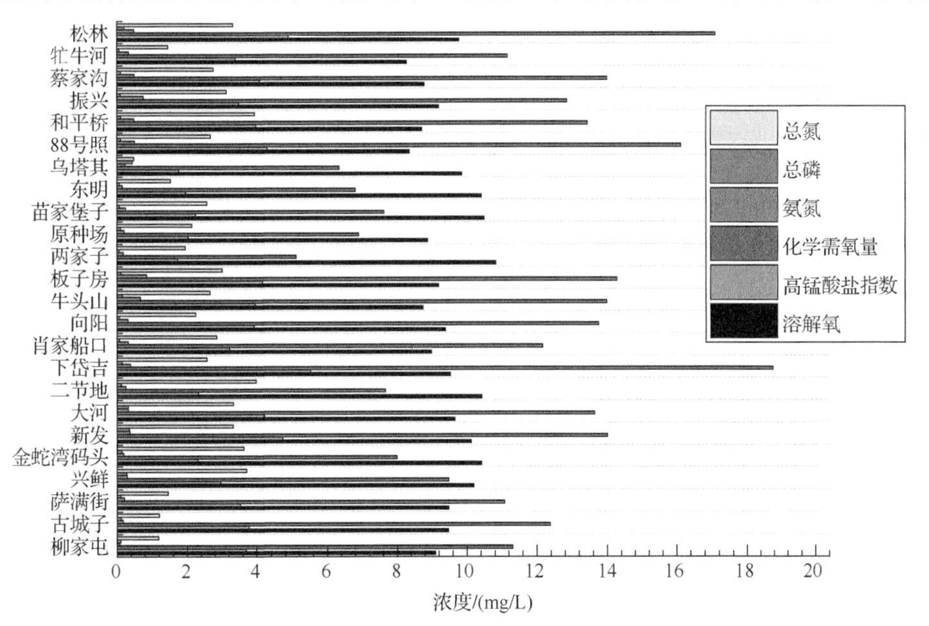

图 8-1　2016 年典型断面水质情况（见书后彩图）

出，流域内各个典型的断面中总磷浓度较低，且相差不大。氨氮浓度与总磷情况类似，浓度较低且无明显变化趋势，但总氮浓度呈现出较明显的变化趋势。溶解氧在各断面中的浓度变化不大，一直维持在 8.0mg/L 以上。化学需氧量测定值在各个断面间的波动较大，其中下岱吉的化学需氧量显著高于其他断面。从总氮和高锰酸盐指数的测定结果来看，二者自乌塔其（WTQ）断面到牤牛河（MNH）断面呈现出相同的变化趋势，推测在下游流域内可能存在与这两项水质指标相关的微生物，或者这两种环境因子同时受同一种微生物的影响作用。

根据《地表水环境质量标准》（GB 3838—2002），监测乌塔其农场、大安、塔虎城渡口以及蔡家沟 4 个断面的水质情况。2016 年 1～10 月水质指标平均值见表 8-1。从 1～10 月水质指标检测的平均值可以看出 4 个断面的温度、pH 以及溶解氧相差不大，但其他水质指标的检测结果均有差异。乌塔其农场断面的溶解氧与其他断面有十分明显的差异，大安、塔虎城和蔡家沟 3 个断面的 COD 值是乌塔其断面的两倍以上。相对其他 3 个断面而言，塔虎城渡口的氨氮含量较低。蔡家沟断面的总氮含量明显高于其他断面，总磷的检测结果呈现出一定趋势，由高到低为蔡家沟（CJG）＞塔虎城（THC）＞大安（DA）＞乌塔其（WTQ）。

表 8-1　2016 年 1～10 月水质指标平均值（一）

指标	乌塔其	大安	塔虎城	蔡家沟
温度/℃	13.11	12.73	12.39	12.70
pH	7.805	7.874	7.781	7.524
DO/（mg/L）	9.196	9.451	9.691	8.910
COD/（mg/L）	6.443	13.042	13.059	15.970
BOD_5/（mg/L）	1.290	2.180	1.890	2.650
NH_3-N/（mg/L）	0.303	0.381	0.283	0.404
TP/（mg/L）	0.057	0.068	0.095	0.145
TN/（mg/L）	0.850	0.824	0.756	2.753
COD_{Mn}/（mg/L）	1.790	3.640	3.510	4.470
Cu/（mg/L）	0.010	0.010	0.010	0.010

本次选取的加西、白桦下、石灰窑、嫩江浮桥、繁荣新村、拉哈 6 个断面水质监测指标包括温度、pH、溶解氧等 10 项监测指标。2016 年 1～10 月水质指标平均值见表 8-2。

表 8-2 2016 年 1～10 月水质指标平均值（二）

指标	加西	白桦下	石灰窑	嫩江浮桥	繁荣新村	拉哈
温度/℃	9.1	9.8	10.4	11.3	11.1	10.1
pH	6.68～8.57	6.93～8.74	6.89～8.37	6.68～8.55	6.83～8.56	6.67～8.67
DO/（mg/L）	10.33	9.43	8.87	9.03	9.39	9.59
高锰酸盐指数/（mg/L）	4.0	3.6	7.8	5.8	5.93	4.87
COD/（mg/L）	13	12	21	19	19	16
BOD_5/（mg/L）	2.0	2.2	2.7	2.4	2.3	2.3
NH_3-N/（mg/L）	0.145	0.178	0.175	0.246	0.291	0.281
TP/（mg/L）	0.03	0.04	0.06	0.05	0.04	0.04
TN/（mg/L）	0.82	0.77	0.82	0.84	0.92	0.84
As/（mg/L）	0.0011	0.0008	0.0011	0.0012	0.0011	0.0013

如表 8-2 所示，从 1～10 月水质检测指标的平均值可以看出，6 个断面监测指标中温度、pH、溶解氧以及重金属砷的监测值相差不大，但其他水质指标的监测结果均存在不同程度的差异。

石灰窑、嫩江浮桥、繁荣新村 3 个断面水质监测指标中化学需氧量及高锰酸盐指数的监测值高于加西、白桦下、拉哈 3 个断面的监测值，其中石灰窑监测断面化学需氧量、高锰酸盐指数最高，监测值分别为 21mg/L、7.8mg/L；白桦下监测断面化学需氧量、高锰酸盐指数最低，监测值分别为 12mg/L、3.6mg/L。其中加西监测断面水质指标氨氮比其他 5 个断面低，监测值为 0.145mg/L；繁荣新村、拉哈断面氨氮较高，监测值分别为 0.291mg/L、0.281mg/L。石灰窑监测断面水质指标总磷最高，监测值为 0.06mg/L；加西监测断面水质指标总磷最低，监测值为 0.03mg/L，其余 4 个断面总磷监测值相差不大。繁荣新村监测断面水质指标总氮最高，监测值为 0.92mg/L；白桦下监测断面水质指标总氮最低，监测值为 0.77mg/L，其余 4 个断面总氮监测值相差不大。

监测鄂温克族乡、小莫丁、尼尔基大桥、古城子、萨马街、新发、大河、兴鲜、金蛇湾、二节地、东明、苗家堡子 12 个断面的水质情况。嫩江流域省界缓冲区 12 个监测点中总磷、pH 以及温度差异较小，而化学需氧量、氨氮等数值有显著差异，鄂温克族乡断面的 NH_3-N、TN 值为 12 个断面中的最低值，说明鄂温克族乡（EWK）受污染程度较小。上游段的化学需氧量明显高于下游，且上游段 COD 检测结果呈现出一定变化趋势，由低到高为古城子＜萨满街＜鄂温克族乡＜

尼尔基大桥＜小莫丁。大河、新发两个断面的氨氮以及总氮、总磷明显高于其他断面，其原因可能为该支流距离齐齐哈尔市较近，受污染情况较为严重。

监测金蛇湾码头、兴鲜两个断面的水质情况，2016 年 1～10 月水质指标平均值列于表 8-3。

表 8-3　2016 年 1～10 月水质指标平均值（三）

断面	温度	pH	DO	COD_{Mn}	COD	NH_3-N	TP	TN
兴鲜	11.4	7.78	10.20	2.80	9.04	1.8	0.252	0.29
金蛇湾码头	10.8	7.77	10.38	2.39	7.92	1.6	0.195	0.13

8.1.2　断面生物信息学分析

利用高通量测序技术对生物样本进行生物信息统计分析，得到样本的生物多样性指数，如表 8-4。ACE、Chao1 和 Shannon 三项指数越大表示生物多样性越高，Simpson 指数越小表示的生物多样性越高（Ye et al.，2011）。

表 8-4　样本生物多样性指数统计

断面	简写	Shannon	ACE	Chao1	Simpson
88 号照	88H	4.960	6276.912	4381.633	0.028
板子房	BZF	4.877	4017.496	3122.804	0.042
蔡家沟	CJG	4.742	3451.162	3255.984	0.029
大河	DH	4.848	4658.499	3432.574	0.033
东明	DM	5.503	7887.590	6212.587	0.036
二节地	EJD	5.102	8167.421	5935.189	0.045
古城子	GCZ	4.783	9794.001	7011.727	0.082
和平桥	HPQ	4.503	5024.734	3809.267	0.063
金蛇湾码头	JSWMT	4.001	1573.584	1552.773	0.113
柳家屯	LJT	4.053	7429.300	5223.210	0.098
两家子	LJZ	4.531	7080.661	5069.800	0.100
苗家堡子	MJPZ	5.114	7666.579	5667.829	0.039
牤牛河	MNH	4.008	3774.889	2911.429	0.101
牛头山大桥	NTS	5.028	5580.873	4088.598	0.037

续表

断面	简写	Shannon	ACE	Chao1	Simpson
松林	SL	3.787	3600.633	2502.620	0.083
萨满街	SMJ	4.914	7887.104	5789.602	0.037
乌塔其农场	WTQ	3.626	4581.304	3460.667	0.149
下岱吉	XDJ	4.965	5330.525	3973.861	0.028
新发	XF	4.043	6282.521	4333.397	0.103
肖家船口	XJCK	4.615	4222.869	3075.846	0.034
兴鲜	XX	3.156	779.514	739.703	0.101
向阳	XY	3.794	3466.525	2390.601	0.107
原种场	YZC	5.324	8737.896	6461.672	0.036
振兴	ZX	4.657	4341.169	3215.394	0.038

图 8-2 是根据 24 个断面中含有的操作分类单元（operational taxonomic units，OUT）数目所绘制。典型断面中共有的 OTU 数目为 4074，其中金蛇湾码头样本中的 OUT 数目最多为 1271，占总体 OUT 数目的 31.2%。

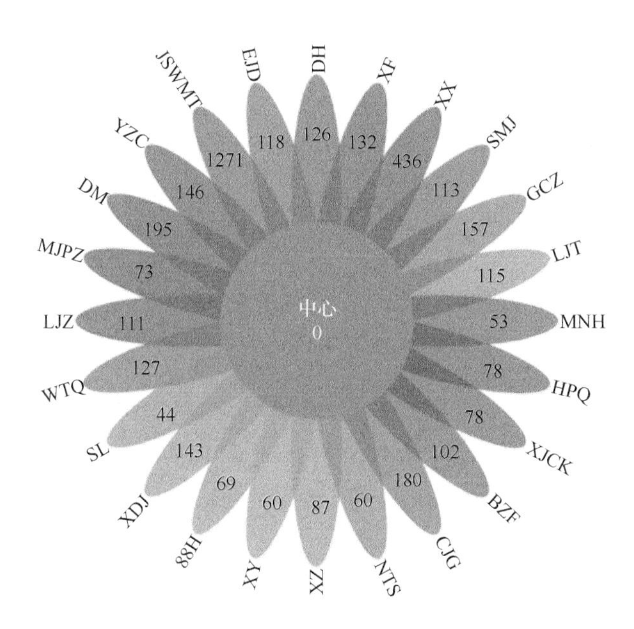

图 8-2　OTU 样本分布花瓣图

图 8-3 是样本的主坐标分析图，样本间物种相似性越大在图中距离越近，相似性小的样本则远远分开。所测定样本中大多数样本较相似，其中萨满街、大河和新发距离其他样本较远，说明这三个样本和其他样本的相似性较低。同时，大河和新发两个样本间距离较近，这两个断面中所含的微生物可能较为相似。

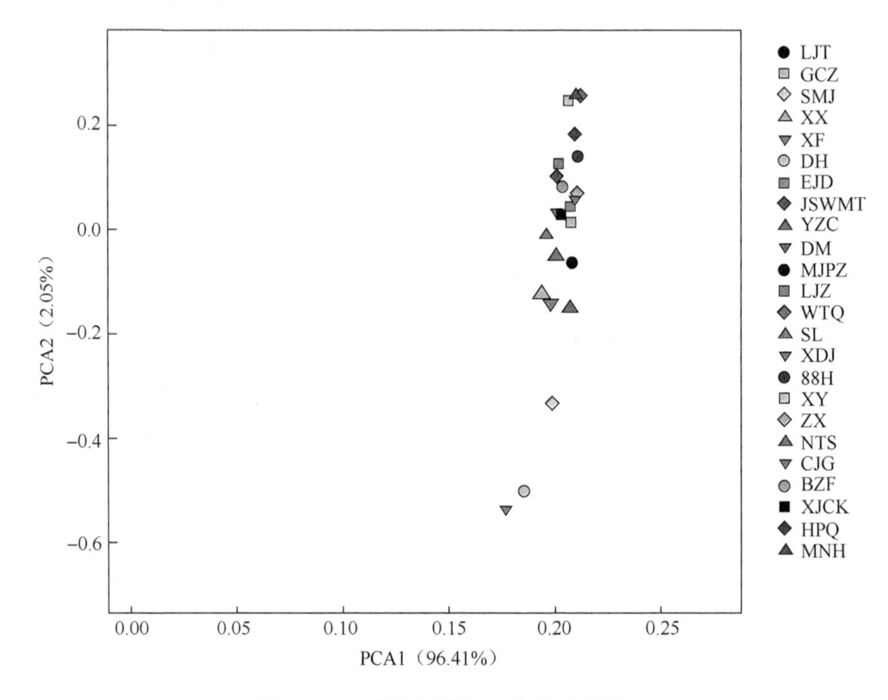

图 8-3　主成分分析图（见书后彩图）

PCA1—第一主成分；PCA2—第二主成分

属水平下的群落结构解析能进一步体现微生物的功能。图 8-4 为 4 个断面属水平下的细菌群落组成。由图可知该流域的典型断面中微生物种类丰富，各个断面中的微生物种类和数量相差较大。*Nocardioides*（类诺卡氏菌）在各个断面中均有存在，但所占比例差异较大。其中，WTA 和 LJT 断面中其所占比例较高，分别为 34.77%和 31.12%。*Sphingomonas*（鞘氨醇单胞属）广泛存在于水体和植物根系中，具有代谢多种碳源的能力（胡杰等，2007）。*Sphingomonas*（鞘氨醇单胞属）在兴鲜样本中的比例最高为 32.96%，该菌属其他所占比例较高的样本中从高到低为牛头山（NTS）＞振兴（ZX）＞下岱吉（XDJ）＞原种场（YZC）。*Novosphingobium*（新鞘氨醇菌属）在苗家堡子（MJPZ）样本中所占比例高于其他样本，该菌属是参与氮元素的转化。

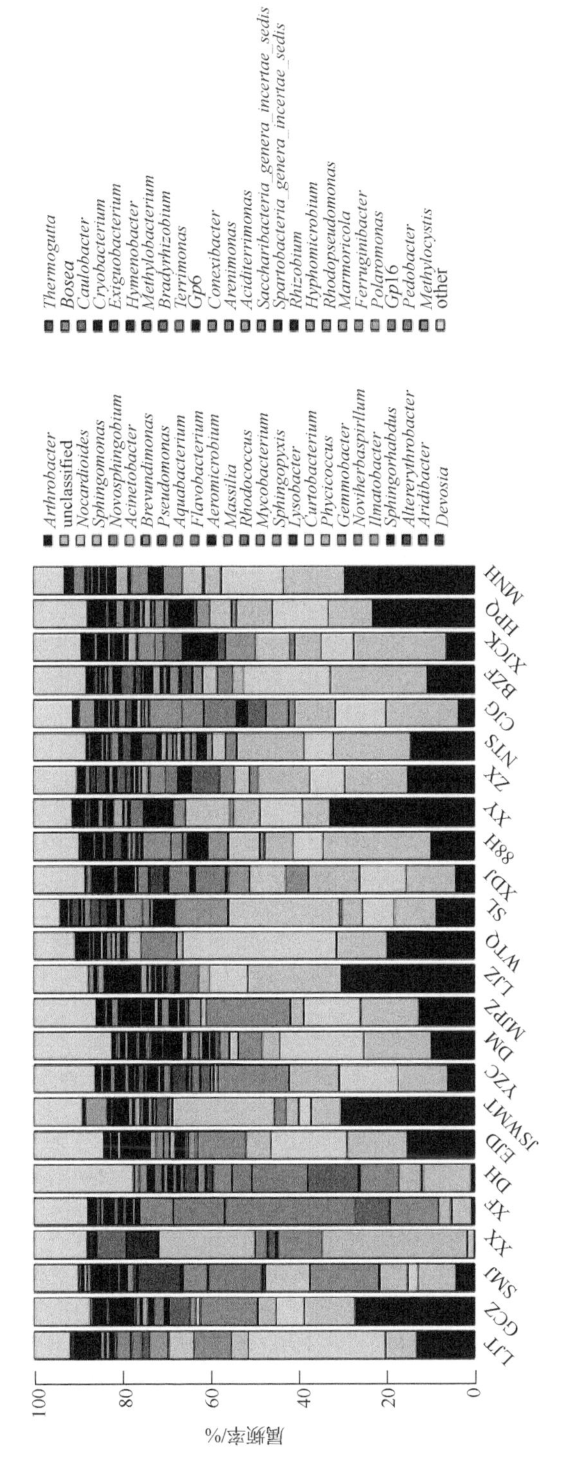

图 8-4　水体中属水平下的细菌群落组成（见书后彩图）

如图 8-4 所示，*Aquabacterium*（草酸杆菌）在新发、大河两个断面中所占比例分别为 29.71%和 12.66%，但在其他断面中的比例很低接近于 0。可能是某种环境因素导致该菌属在新发和大河区域内大量繁殖。*Pseudomonas*（假单胞菌）是水体与沉积物中常见的菌属，在该流域各断面中均含有但比例较低。*Flavobacterium*（黄杆菌）属于革兰氏阴性菌，可以产生黄色素，广泛存在淡水、植物和土壤中，可以引起淡水鱼类疾病。*Gemmatimonas*（芽单胞菌属）在 4 个断面中的比例相差不大。*Acinetobacter*（不动菌）具有聚磷的功能。*Arthrobacter*（节杆菌）广泛存在于环境中，主要分布在土壤中。分析图 8-4 可知，各组样本在属水平下丰度差异较大。

8.2　沉积物中微生物监测与评价

沉积物中微生物分布情况对缓冲区断面水质情况有一定影响，同时水质情况的变化会引起沉积物中微生物群落的改变。研究省界缓冲区沉积物中微生物群落情况与水质理化指标相关性，有利于全面分析水质情况、推测其污染及演化历史、深度评价省界缓冲区水质状况。

近年来，研究者利用高通量测序技术开展了一系列针对微生物群落结构及功能的相关研究，其中关于沉积物中微生物的研究对水资源评价具有重要意义。屈建航等（2007）认为沉积物中微生物多样性研究对推测水体污染状况具有重要影响。黄备等（2018）利用高通量测序技术调查了沉积物中微生物群落情况并研究了微生物群落与环境因子的相关性，发现沉积物中微生物与环境因子具有显著相关性。钟震（2018）研究了松花江不同时期、不同江段沉积物中微生物群落与氮素转化的关系，分析了与氮转化有关的微生物的空间分布情况，并根据分析结果对不同江段的氮含量进行排序。鲍林林等（2015）调查了北运河沉积物中氨氧化微生物与环境因子的关系，认为水质情况对氨氧化微生物有很大影响。

8.2.1　沉积物生物信息学分析

采集各断面中的沉积物，使用宏基因组 DNA 提取试剂盒提取沉积物中的 DNA。以细菌 16S rRNA 基因的 V3～V4 可变区序列为靶标，以带有 barcode 序列的 338F-806R 为引物，进行聚合酶链式反应（polymerase chain reaction，PCR）扩增，获取 PCR 产物。PCR 产物经过定量及文库构建后，利用 Illumina MiSeq PE300 平台进行高通量测序，获取细菌 16S rRNA 基因的 V3～V4 可变区碱基序列信息。利用 QIIME 软件，对测序序列进行 OTU 聚类，OTU 代表序列与 Greengenes 数据库进行比对分析，获取 OTU 对应的分类单元及其相应的丰度信息。

4 个样本的生物多样性指数如表 8-5。

表 8-5　样本生物多样性指数统计（一）

断面	简写	Shannon	ACE	Chao1	Simpson
乌塔其	WTQ	7.518609	8966.988	8419.347	0.002974
大安	DA	7.119213	9481.895	7839.119	0.002897
塔虎城	THC	6.991301	7752.466	7315.613	0.007307
蔡家沟	CJG	7.062130	12719.870	9985.035	0.004996

由表 8-5 可以看出，塔虎城的 Simpson 指数最大，Shannon、ACE 和 Chao1 较小，因此塔虎城的生物多样性最低。乌塔其和大安的多样性差别不大。

Venn 图是表示多个样本中独有的和共有的 OTU 数目（Fouts et al.，2012），图 8-5 是根据 4 个断面中含有的 OTU 数目绘制的。由图 8-5 可知，4 个样本中共有的 OTU 数目为 850，总共的 OUT 数目为 14582，共有的 OTU 数目占总数的 5.8%。蔡家沟和乌塔其两个样本共有的 OTU 数目为 757，是重叠微生物最多的两个样本，可见塔虎城和乌塔其两个断面中具有相同功能的 OTU 数目很大。但是这两个断面的水质情况差异较大，推测两个断面水质情况差异较大的可能与各个断面独有的微生物有关。

各组样本在门水平下的分类如图 8-6 所示。4 个样本共有 48 个门类，多样性较高。4 个样本中微生物种类相差不大，但各组样本的菌门丰度存在一定的差异。在 4 个样本中，Proteobacteria（变形菌门）丰度最高，其他丰度较高的菌门为 Bacteroidetes（拟杆菌门）、Verrucomicrobia（疣微菌门）、Acidobacteria（酸杆菌门）、Planctomycetes（浮霉菌门）。Proteobacteria 和 Bacteroidetes 在沉积物样本中广泛存在（Fierer et al.，2007）。与其他样本不同，乌塔其样本中 Planctomycetes 含量明显高于 Bacteroidetes 和 Acidobacteria 的含量。Firmicutes（厚壁菌门）在 4 个断面上的含量明显不同，Firmicutes 中含有可以在缺氧条件下进行反硝化作用脱除硝氮的细菌（Wang et al.，2009）。从图 8-6 中可以看出，塔虎城样本中的 Firmicutes 含量最高，且由表 8-5 中的检测结果可知，塔虎城的氨氮含量是 4 个样本中最低的，由此推测沉积物当中的微生物对断面水质情况有一定影响。Actinobacteria 中含有聚磷功能的菌群（Bai et al.，2016），在 4 个样本中没有观察到明显差异。

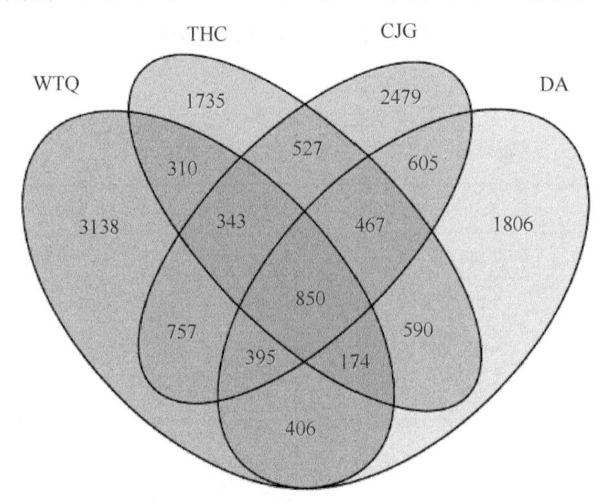

图 8-5　4 个断面 OTU 样本分布 Venn 图

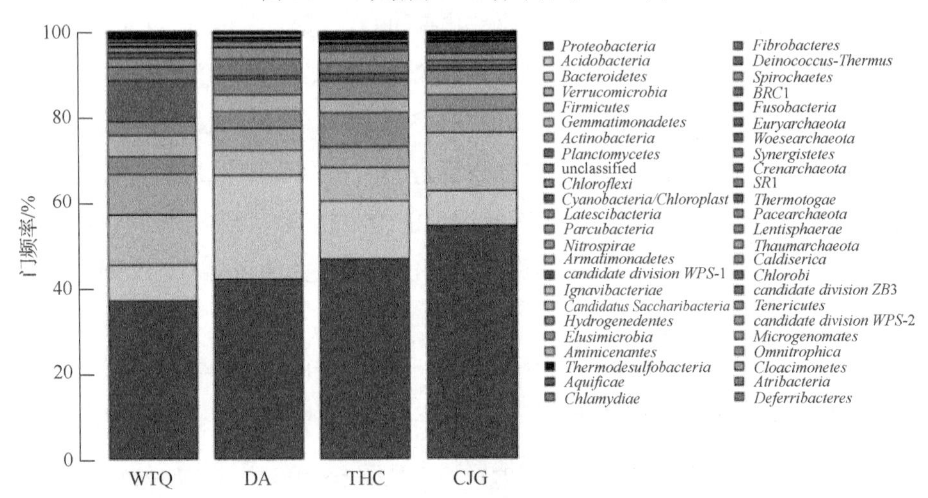

图 8-6　4 个断面门水平下的细菌群落组成（见书后彩图）

图 8-7 为 4 个断面属水平下的细菌群落组成，在 4 个样本中未分类的菌属含量均较高。研究者发现 *Sphingomonas*（鞘氨醇单胞属）广泛存在于水体和植物根系中，具有代谢多种碳源的能力。塔虎城样本中 *Exiguobacterium*（微小杆菌属）含量明显高于其他样本，*Exiguobacterium*（微小杆菌属）是水和土壤环境中常见的菌属，对有机污染物有一定的降解作用。*Gp*7 在 4 个样本中含量由高到低为大安>塔虎城>蔡家沟>乌塔其。*Novosphingobium*（新鞘氨醇菌属）在大安样本中含量高于其他三个样本，*Gemmatimonas*（芽单胞菌属）在 4 个样本中的含量相差不大。由表 8-6 可以看出两个样本中，兴鲜样本中 ACE 指数和 Chao1 明显高于金蛇湾码头样本，可见兴鲜样本中的生物多样性高于金蛇湾码头样本。

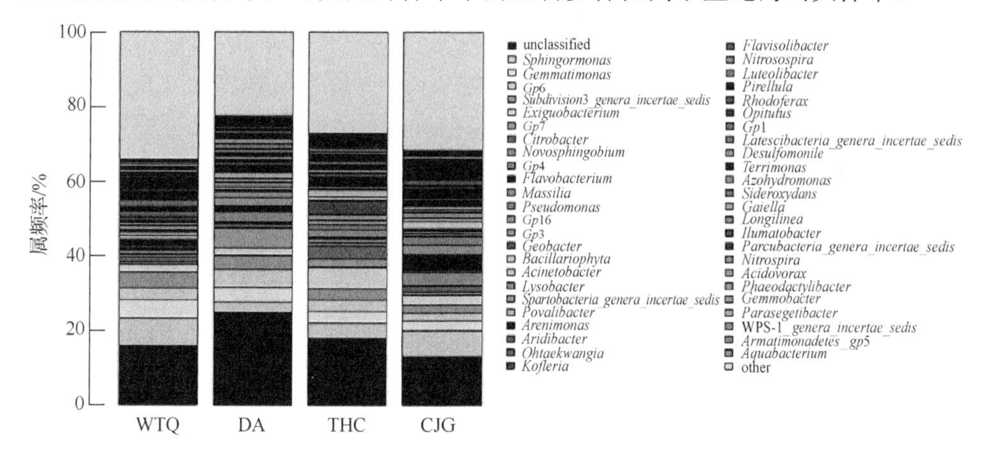

图 8-7　4 个断面属水平下的细菌群落组成（见书后彩图）

表 8-6　样本生物多样性指数统计（二）

断面名称	简写	Shannon	ACE	Chao1	Coverage	Simpson
金蛇湾码头	JSWMT	4.77	51991.14	24922.38	0.89	0.10
兴鲜	XX	4.07	70771.69	25949.08	0.93	0.07

图 8-8 是根据两个断面中含有的 OTU 数目绘制的。由图 8-8 可知，两个样本中共有的 OTU 数目为 281，总共的 OUT 数目为 10366，共有的 OUT 数目占总数的 2.7%，二者重叠的微生物较小。此外，金蛇湾码头样本中的微生物数量显著高于兴鲜样本中的微生物数量。这两个断面的水质情况差异较大，可能与各个断面独有的微生物有关。

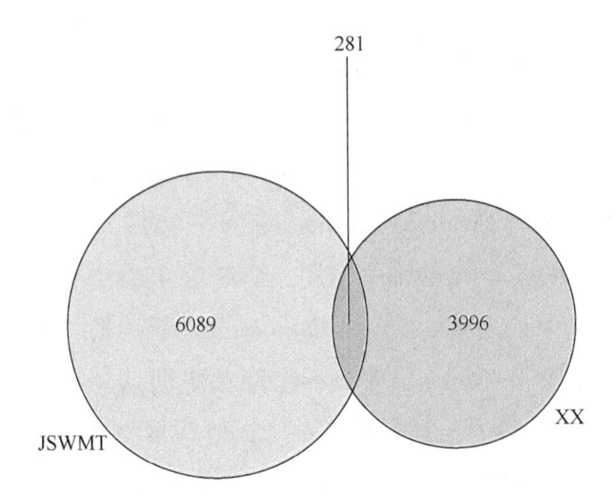

图 8-8　金蛇湾码头和兴鲜断面 OTU 样本分布 Venn 图

属水平下的群落结构解析能较好地体现出微生物功能。如图 8-9 所示，两个样本中的微生物群落结构存在显著差异。金蛇湾样本中的优势菌属为 *Arthrobacter*（秸杆菌属）、*Acinetobacter*（不动杆菌属）、*Nocardioides*（类诺卡氏菌属）、*Pseudomonas*（假单胞菌属）、*Novosphingobium*（新鞘氨醇菌属），而在兴鲜样本中的优势菌群有 *Sphingomonas*（鞘氨醇单胞属）、*Curtobacterium*（短小杆菌属）、*Novosphingobium*（新鞘氨醇菌属）、*Methylobacterium*（甲基杆菌属）、*Hymenobacter*（薄层菌属）。

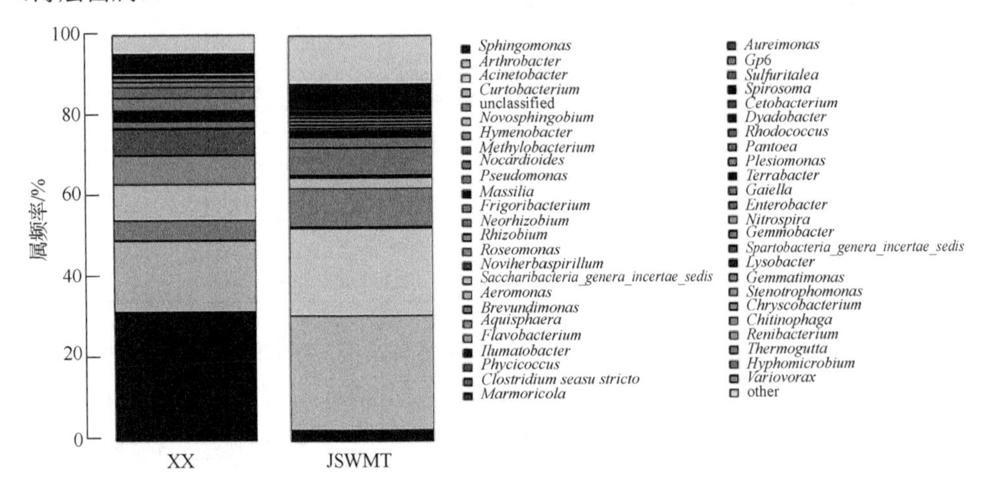

图 8-9　金蛇湾码头和兴鲜断面属水平下的细菌群落组成（见书后彩图）

Sphingomonas 在兴鲜样本中占比为 31.2%，显著高于金蛇湾码头样本。该菌属在水体环境中广泛存在，可对多种碳源进行利用。在金蛇湾码头样本中，*Arthrobacter* 和 *Acinetobacter* 的占比分别为 28.19%和 21.6%，明显高于兴鲜样本中这两种菌属的比例。JSWMT 样本中未分类菌属占比相对较高，为 9.44%。兴鲜样本中 *Novosphingobium* 占比高于 JSWMT 样本。*Curtobacterium* 在兴鲜的比例为 17.69%，该菌属常见于植物根系与土壤中。*Methylobacterium* 也是兴鲜样本中的优势菌属之一，属于变形菌门，生长于淡水湖泊中，可利用甲烷作为唯一碳源进行生长。*Nocardioides* 在金蛇湾样本中的占比相对较高，该菌属在工业、农业等方面均得到了较好的应用。两组样本在属水平下丰度差异较大。12 个样本的多样性和丰度指数如表 8-7。兴鲜样本的 Simpson 指数较小，Shannon、ACE 和 Chao1 最大，因此兴鲜样本的生物多样性最高，说明该断面物种较丰富。金蛇湾码头的生物多样性较低，萨满街和苗家堡子的多样性差别不大。

表 8-7　样本生物多样性指数统计（三）

断面	简写	Shannon	ACE	Chao1	Simpson
大河	DH	7.15	12699.95	9954.58	0.004378
东明	DM	7.37	12372.62	9602.38	0.002175
二节地	EJD	7.43	12923.22	10092.56	0.002323
鄂温克族乡	EWK	7.03	9982.69	8010.12	0.004398
古城子	GCZ	6.96	11884.69	9163.43	0.004399
金蛇湾码头	JSWMT	6.73	11796.69	9134.51	0.007805
苗家堡子	MJPZ	7.01	13528.63	10522.42	0.004588
尼尔基大桥	NEJ	7.35	10780.41	10391.52	0.002975
萨满街	SMJ	6.79	13419.70	10075.36	0.008822
新发	XF	7.34	14208.28	10897.55	0.003349
小莫丁	XMD	7.10	12064.06	9433.03	0.003557
兴鲜	XX	7.47	15646.93	11889.13	0.003275

根据 12 个样本的 OTU 值进行主成分分析（principal component analysis，PCA），如图 8-10 所示，以分析各个断面样本中群落组成的相似性和差异性。PCA 图中，样本点位置和相对距离反映各断面微生物组成的相似程度。样本的群落组成越相似，在 PCA 图中的点距离越近。由图 8-10 可以看出，嫩江流域多数断面在微生物群落结构上表现出较高的相似度。金蛇湾码头与萨满街较为特殊，在图中与其他样本的相对距离较远，二者在微生物群落结构上与其他样本均存在较大差异性。新发与兴鲜两个样本间距离最近，相似度最高。

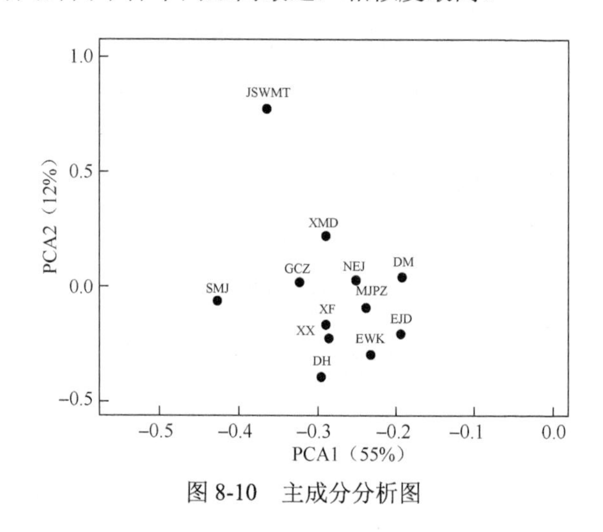

图 8-10　主成分分析图

各个样本在属水平下的微生物群落组成如图 8-11 所示。属水平下的群落组成情况能进一步反映断面微生物的功能。12 个样本中的细菌共有 50 个属。除未分类的菌属外，在 12 个样本中 *Luteolibacter*（苍黄杆菌属）丰度最高，其他丰度较高的菌属为 *Bacillariophytas*（硅藻菌属）、*Sphingomona*（鞘氨醇单胞属）、*Geobacter*（土杆菌属）、*Gemmatimonas*（芽单胞菌属）。JSWMT 样本中 *Luteolibacter* 占比最高（14.21%），明显高于其他样本。萨满街样本中 *Bacillariophyta* 占比明显高于优势菌属，与其他样本中的群落结构情况存在较大差异。*Novosphingobium*（新鞘氨醇菌属）在 12 个样本中占比相差较小。

Sphingomonas 在水体和植物根系中广泛存在，可以代谢多种碳源。*Gemmatimonas* 在 12 个样本中占比由高到低为新发＞尼尔基大桥＞大河＞二节地＞古城子＞小莫丁＞兴鲜＞东明＞苗家堡子＞萨满街＞金蛇湾码头＞鄂温克族乡。

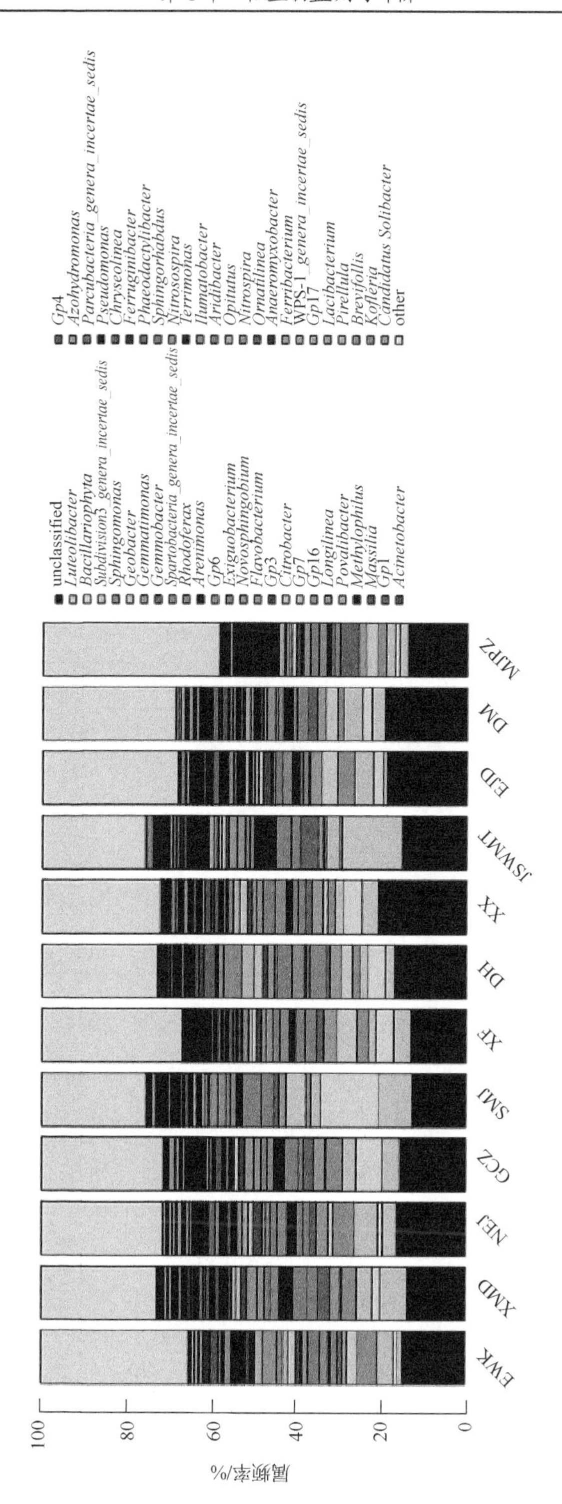

图 8-11　12 个断面属水平下的细菌群落组成（见书后彩图）

Rhodoferax（红细菌属）生长在厌氧和黑暗的环境中，鄂温克族乡样本中 *Rhodoferax* 占比最低，仅为 0.13%。*Exiguobacterium* 在古城子和小莫丁样本中的占比分别为 1.39%和 1.57%，而其在处于最下游支流的采样点苗家堡子和东明中分别占 1.97%和 0.61%（图 8-11），说明该菌属在嫩江流域沿程被其他优势菌属逐渐替代。与上游相比，嫩江流域下游各支流中属于疣微菌门的 *Subdivision3_genera_incertae_sedis* 占比明显减小，这也说明在嫩江流域内存在一定的微生物群落演替情况。

选择松花江流域省界缓冲区典型断面进行分析，所选断面分别为加西（JX）、白桦下（BY）、石灰窑（SHY）、嫩江浮桥（NJ）、繁荣新村（FR）、拉哈（LA）。通过对微生物群体进行高通量测序技术，得到各样本的 Shannon、ACE、Chao1 及 Simpson 四种多样性指数，如表 8-8 所示。

表 8-8　样本生物多样性指数统计（四）

断面	简写	Shannon	ACE	Chao1	Simpson
白桦下	BY	7.48	9363.96	8930.02	2.0e-03
繁荣新村	FR	7.27	10860.43	8942.33	3.0e-03
加西	JX	7.44	9739.11	8991.03	2.3e-03
拉哈	LH	7.56	16366.61	12403.82	2.2e-03
嫩江浮桥	NJ	6.70	10878.91	8499.34	7.2e-03
石灰窑	SHY	7.53	12532.95	10124.40	2.5e-03

拉哈及石灰窑断面的 Shannon、ACE、Chao1 三项指数较高，Simpson 指数小，说明拉哈、石灰窑两个断面的生物群落多样性较高。加西、白桦下、繁荣新村三个断面的 Shannon、ACE、Chao1 三项指数较低，Simpson 指数较小，说明加西、白桦下、繁荣新村断面的生物群落多样性较低。嫩江浮桥断面的 Shannon、Chao1 指数最低，Simpson 指数最高，说明嫩江浮桥断面的生物群落多样性最低。

PCA 是一种简化数据集的技术。图 8-12 中不同颜色代表不同样本或者不同的 group 中的样本，样本间相似度越高则在图中越聚集。

如图 8-12 所示，加西、白桦下两个断面的相似性最高，加西、白桦下断面的水质情况差异最小；拉哈、石灰窑两个断面相距较近，说明两个断面的相似性较高，拉哈、石灰窑断面的水质差异较小；嫩江浮桥距离其他五个断面最远，说明嫩江浮桥断面的相似性最差，水质差异最大。

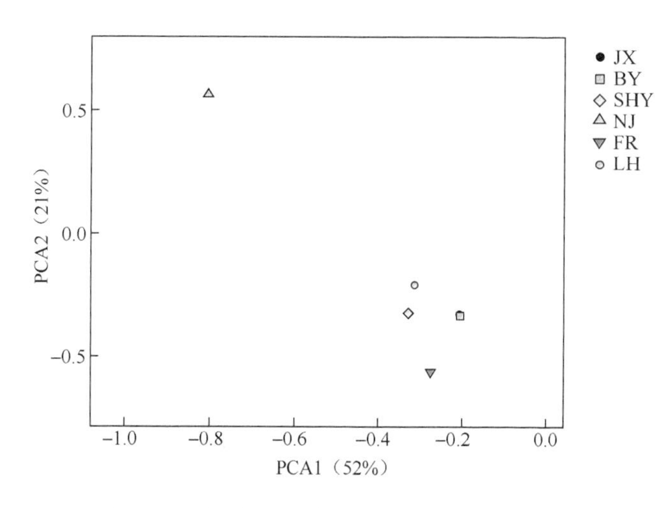

图 8-12　基于 OTU 的 PCA 图（见书后彩图）

注：图中 JX 与 BY 重叠。

图 8-13 为 genus 水平的 6 个断面中微生物群落结构分布图，颜色对应此分类学水平下各物种名称，不同色块宽度表示不同物种相对丰度比例。6 个样本在属水平下微生物群落的多样性较高，为了展示效果，只显示前 50 个物种分类，剩余物种分类合并成 other。6 个样本中，未分类（unclassified）属的丰度最高，其次是 *Subdivision3_genera_incertae_sedis*、*Gp6*、梭菌属（*Spartobacteria_genera incertae_sedis*）、芽单胞菌属（*Gemmatimonas*）、鞘氨醇单胞菌属（*Sphingomonas*）。在加西断面中 *Spartobacteria_genera_incertae_sedis*、*Subdivision3_genera_incertae_sedis* 丰度最高，而加西断面中溶解氧的含量最高。

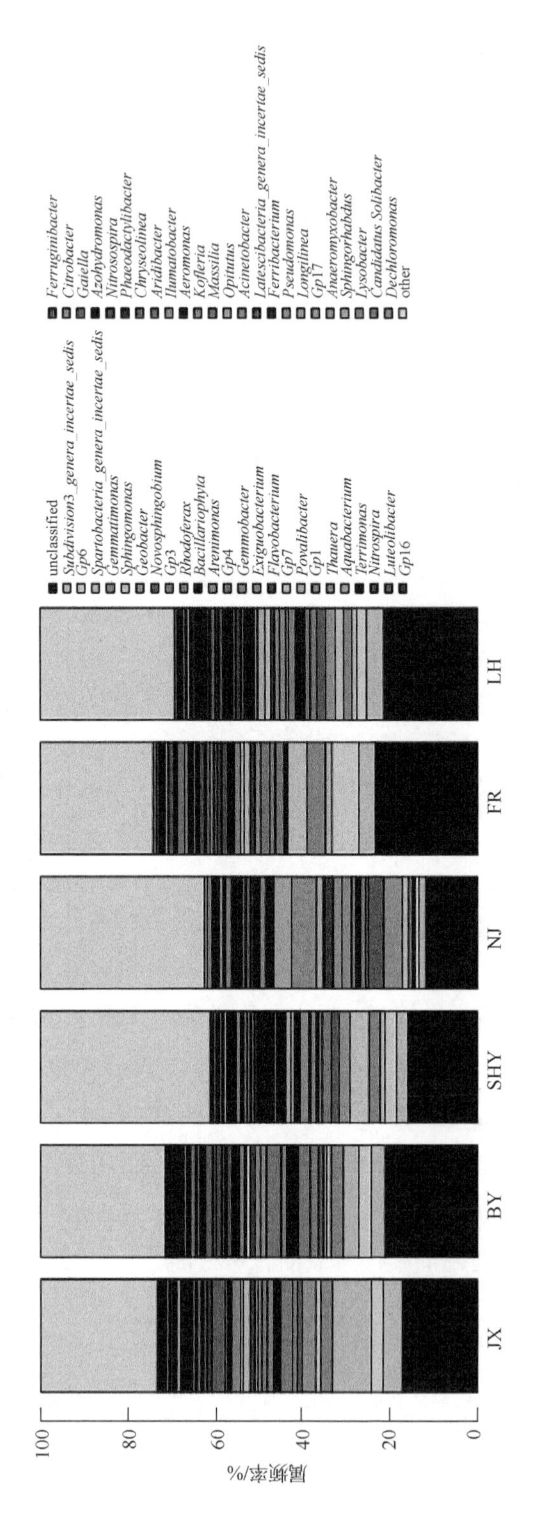

图 8-13　6个断面属水平下的细菌群落组成（见书后彩图）

8.2.2　相关性分析

利用 PCA 技术对典型断面水质情况的差异性进行分析，通过多重对应分析（multiple correspondence analysis，MCA）将沉积物中优势菌群和水质指标数据进行量化标定，将关联性强的对象关联在一起，关联性差的对象进行分开，用此量化分析微生物群落结构与水质情况的关系。使用 *K*-均值聚类和模糊聚类两种分析方法，对水质情况进行分析，将断面水质监测指标作为元数据，采用 *K*-均值聚类分析法来实现水质监测断面的分类处理，实现水质监测断面优化。在此基础上使用模糊聚类分析法，进一步判别各个断面之间的相互联系。

在 SPSS 软件分析菜单下，利用最优尺度算法运行多重分析。多重对应分析是针对定性数据，用来分析两种分类变量的方法。从数据集具体来看，变量共有 20 个，可分为两大类，第一类为 1～10 月断面水质指标平均值（图 8-14 中的 1～10），第二类为优势种群在断面中的百分比（图 8-14 中的 11～20）。由图 8-14 可以分析出，*Firmicutes*、*Gemmatimonadetes*、*Planctomycetes* 与高锰酸盐指数、氨氮、总磷具有显著相关性，*Verrucomicrobia* 与溶解氧显著相关。*Chloroflexi*、*Cyanobacteria/Chloroplast*、*Actinobacteria* 与这些水质指标相关性很小，在图中相距甚远，因此图中并未显示。

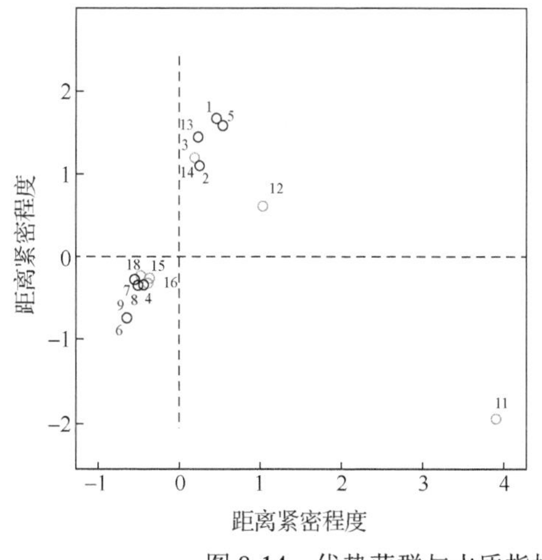

图 8-14　优势菌群与水质指标多重对应分析图

注：由于图中的点太密，10、17、19、20 没有显示出来，10、20 与 6 重叠，17、19 与 16 重叠。

图 8-15 为基于 OTU 的样本聚类树图，树枝的长度代表样本间的距离，越相似的样本会越靠近，图中同一颜色的树枝表示来源于同一组。由图 8-15 可以看出，

塔虎城与大安具有一定相似性，蔡家沟与塔虎城、大安相似性较差，乌塔其与其他三个样本的相似性均较差。

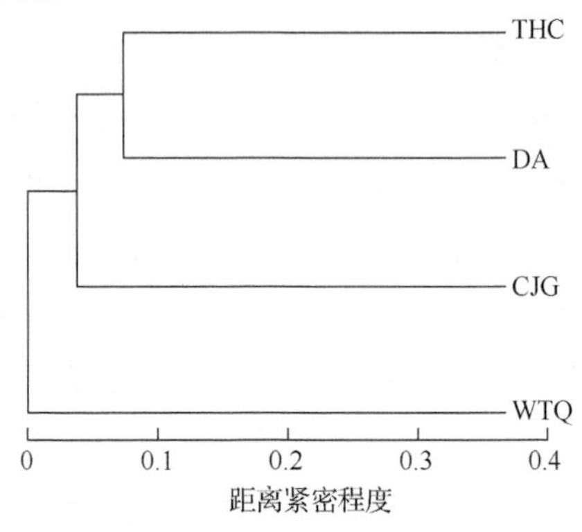

图 8-15　基于 OTU 的样本聚类树图（一）

根据 1～10 月水质数据平均值绘制图 8-16。从图中可以看出，乌塔其、大安、塔虎城的水质情况为一类，而蔡家沟可划分为另一类。通过模糊聚类，可以进一步判断，大安和塔虎城的水质情况是非常相似的，而乌塔其与这两者相似性较差，蔡家沟与其余三者差距很大。通过比较 OTU 聚类与水质情况聚类的结果，这两种分析结果有相似点但也存在一定差异，如塔虎城与大安的水质情况与 OTU 聚类情况一致，均具有较好的相似性。水质聚类分析的结果则显示蔡家沟（处于下游）与其他三个样本差异较大，即上游水质优于下游；从微生物角度分析乌塔其（处于上游）样本与其他三个样本的相似性较差，即随着松花江流域上游到下游的水质的污染变化，沿程的微生物群落也得到大幅演替。

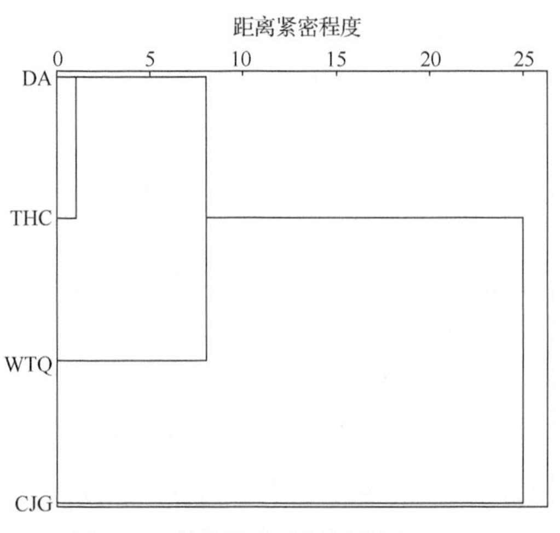

图 8-16　模糊聚类分析树状图（一）

在 SPSS 软件分析菜单下，利用最优尺度算法运行多重分析。从数据集具体来看，变量一共分为 20 个，分为两大类，第一类为环境因子在断面的数值（图 8-17 中的 1～10），第二类为优势种群在断面中的百分比（图 8-17 中的 11～20）。由图 8-17 可知，*Bacillariophyta*、*Subdivision3_genera_incertae_sedis*、*Spartobacteria_genera_incertae_sedis* 与溶解氧有显著相关性；*Geobacter*、*Rhodoferax* 与 pH 有显著相关性；*Sphingomonas*、*Novosphingobium* 与 NH_3-N 有显著相关性；*Gemmatimonas* 与五日生化需氧量有显著相关性。*Bacillariophyta*、*Subdivision3_genera_incertae_sedis*、*Spartobacteria_genera_incertae_sedis*、*Gemmatimonas*、*Sphingomonas*、*Geobacter*、*Novosphingobium*、*Rhodoferax* 受环境影响较大；而 *Gp*6、*Gp*3 受环境影响较小。

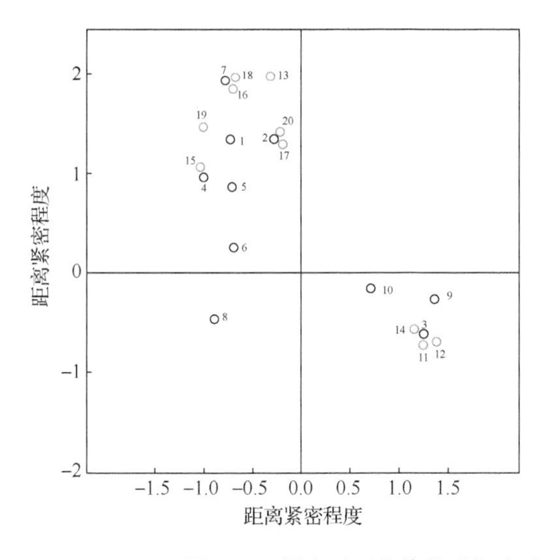

○ 水质理化指标

○ 优势菌群

1.T 2.pH 3.DO 4.COD_{Mn} 5.COD
6.BOD_5 7.NH_3-N 8.TP 9.TN 10.As
11.*Bacillariophyta*
12.*Subdivision3_genera_incertae_sedis*
13.*Gp6*
14.*Spartobacteria_genera_incertae_sedis*
15.*Gemmatimonas*
16.*Sphingomonas*
17.*Geobacter*
18.*Novosphingobium*
19.*Gp3*
20.*Rhodoferax*

图 8-17　属水平下优势菌群与水质指标多重对应分析图

图 8-18 为基于 OTU 的样本聚类树图。白桦下与加西具有一定相似性，繁荣新村与白桦下、加西相似性较差；拉哈与石灰窑具有一定相似性，嫩江浮桥与石灰窑相似性较差。

根据 1～10 月水质数据平均值绘制模糊聚类分析树状图，如图 8-19 所示。从图中可以看出，嫩江浮桥、繁荣新村、石灰窑的水质情况归为一类，加西、白桦下、拉哈水质情况归为另一类。通过模糊聚类分析得到，嫩江浮桥、繁荣新村的水质情况类似，而石灰窑与这两个断面水质相似性较差。加西、白桦下的水质情况类似，而拉哈与这两个断面水质相似性较差。通过比较 PCA 与水质情况聚类的结果，这两种分析结果有相似点但也存在一定差异，如加西与白桦下的水质情况与 PCA 情况一致。水质聚类分析的结果则显示拉哈与石灰窑两个样本差异较大，分属两个不同水质类别。

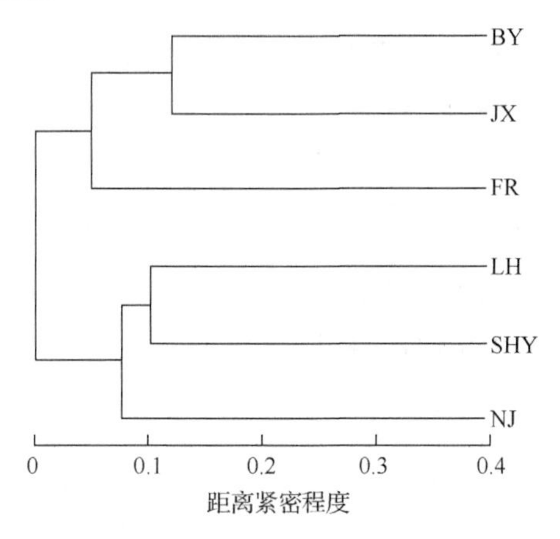

图 8-18　基于 OTU 的样本聚类树图（二）

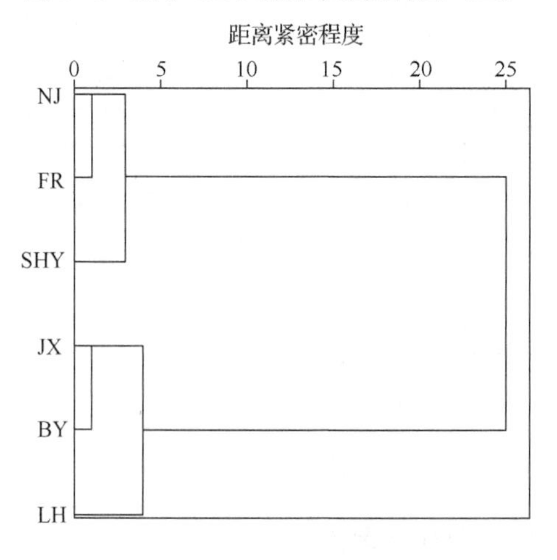

图 8-19　模糊聚类分析树状图（二）

图 8-20 为基于 OTU 的样本聚类树图。根据图 8-20 的聚类结果，可将古城子（GCZ）、小莫丁（XMD）、尼尔基大桥（NEJ）、金蛇湾码头（JSWMT）、萨满街（SMJ）的微生物群落视为一类，而东明（DM）、二节地（EJD）、兴鲜（XX）、新发（XF）、苗家堡子（MJPZ）、大河（DH）、鄂温克族乡（EWK）为另一类。图 8-21 是根据 12 个断面的水质理化指标绘制的模糊聚类分析树状图。从图中可以看出，尼尔基大桥（NEJ）、小莫丁（XMD）、鄂温克族乡（EWK）的水质情况

可视为一类，其他断面可划分为另一类。通过模糊聚类，可以进一步判断，新发（XF）、二节地（EJD）、苗家堡子（MJPZ）的水质情况比较相似，大河（DH）、古城子（GCZ）、兴鲜（XX）、东明（DM）、萨满街（SMJ）以及金蛇湾码头（JSWMT）为另一类。通过比较 OTU 聚类与水质情况聚类的结果，这两种分析结果有相似点但也存在一定差异。结果表明古城子（GCZ）与萨满街（SMJ）的水质情况较为相似，但是 OUT 聚类结果表明古城子（GCZ）与小莫丁（XMD）水质情况较为相似，而与萨满街（SMJ）差异性较大。

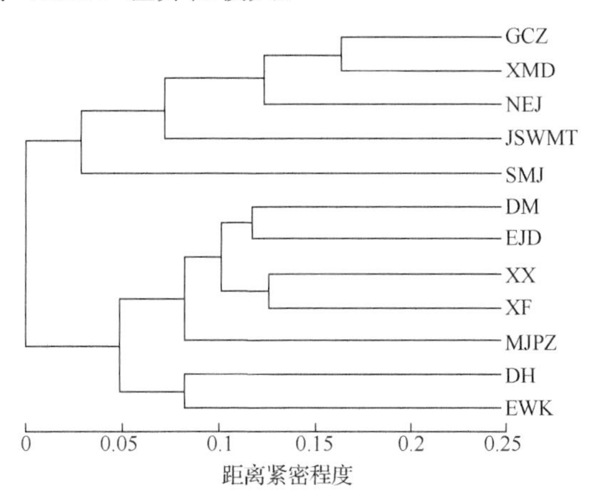

图 8-20　基于 OTU 的样本聚类树图（三）

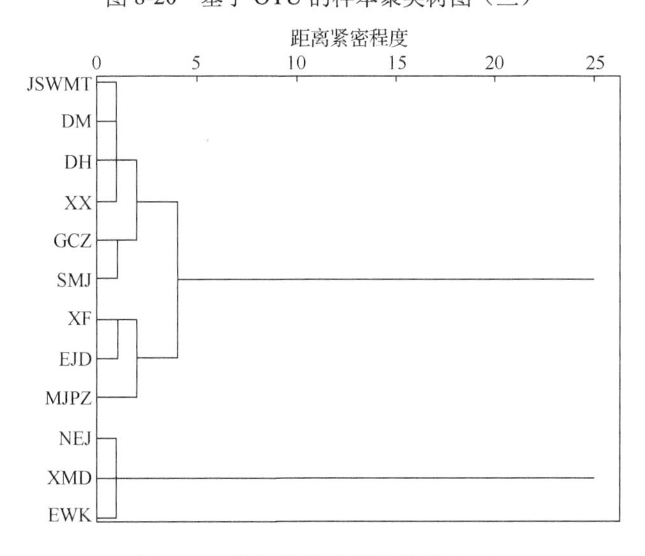

图 8-21　模糊聚类分析树状图（三）

8.3 本 章 小 结

水体沉积物中微生物的分布情况对水质变化起着重要作用，水质的变化（如黑臭水体、富营养化）又会影响着水体沉积物中微生物群落结构的变化。利用Illumina MiSeq高通量测序技术对沉积物中微生物群落结构特征进行研究分析，将对松花江流域省界缓冲区水环境质量的监测与评价具有重要意义，建议将省界缓冲区数值沉积物中微生物群落的监测作为选测项目，有利于进一步评价流域水质环境状况。

通过多重对应分析结果揭示水质理化指标与优势菌群之间的对应关系，其中，*Bacillariophyta*、*Subdivision3_genera_incertae_sedis*、*Spartobacteria_genera_incertae_sedis* 与溶解氧有显著相关性；*Geobacter*、*Rhodoferax* 与 pH 有显著相关性；*Sphingomonas*、*Novosphingobium* 与 NH_3-N 有显著相关性；*Gemmatimonas* 与五日生化需氧量有显著相关性。根据相似性分析结果可知：加西、白桦下两个断面的相似性最好，加西、白桦下断面的水质情况差异最小；拉哈、石灰窑两个断面的相似性较好，拉哈、石灰窑断面的水质差异较小；嫩江浮桥断面的相似性最差，水质差异最大。根据多个断面的水质指标聚类结果与断面微生物聚类结果的比较可知，水质中微生物群落与常规水质监测指标反映出的结果有一定差异性。除水质指标外，结合断面微生物情况对流域内的水质情况进行分析，开展多维时空的水质状况与沉积物中微生物群落状况关联性分析以及增加沉积物微生物群落的监测频次、监测周期，可以更加科学、合理地解释和分析水质变化的内在原因。

第 9 章　浮游植物群落结构与环境因子相关性

以 18 个松花江流域省界缓冲区断面为研究对象，对水质理化指标及浮游植物进行监测，分析 2018 年 9 月研究对象的水质情况、浮游植物的群落结构特征及其与水环境因子间的相关性。利用 SPSS 软件对主要的水质指标进行筛选，同时计算各断面浮游植物的 Shannon-Wiener 多样性指数（H'）、Pielou 均匀度指数（J'）、Margalef 丰富度指数（d）及优势度（Y），分析浮游植物的群落结构分布特征，最后利用 RStudio 软件对浮游植物优势种和水质指标数据进行典范对应分析，判断影响浮游植物群落结构分布特征的主要环境因子，为松花江流域水质评价和水生态治理提供科学依据。

9.1　浮游植物群落结构与环境因子的关系

浮游植物是指在水中浮游生活的微小植物，是水生生态系统中最重要的初级生产者，也是水生态系统中物质循环与能量流动的驱动因子。流域水环境的变化不仅会引起水质理化指标的改变，同时也影响着浮游植物群落结构的演变。浮游植物对环境变化极为敏感，因此，常采用浮游植物的种类、优势种群和丰度等群落结构特征指标来评价和检测水环境。目前，浮游植物已是欧盟《水框架指令》中推荐用于评估地表水的 5 种生物要素之一。

9.2　监 测 方 法

9.2.1　监测断面的选取与情况介绍

根据松花江流域水体的分布状况，选择松花江干流省界缓冲区 18 个典型监测断面进行分析。所选断面分别为加西、古城子、尼尔基大桥、萨马街、拉哈、新发、大河、原种场、江桥、两家子水文站、塔虎城渡口、马克图、88号照、蔡家沟、龙家亮子、振兴、肖家船口及向阳，其中在嫩江设置加西、古城子等12个断面，在松花江设置向阳、肖家船口等6个断面。

9.2.2 浮游植物样品采集与分析

定性样品用25#的浮游生物网（网孔直径0.064mm）在水体表面（0～0.5m）按“∞”字形拖取3～5min，滤液用1.5%的鲁哥氏液和2%～4%甲醛固定，沉淀48h，浓缩为30ml保存。显微镜检计数时充分摇匀，吸取0.1ml浓缩液，计数框内计数、分析、鉴定。

浮游植物种类测定时，吸取0.1ml水样于载玻片，制成临时装片于显微镜下观察，每瓶标本至少计数两片。根据形态结构归入大门类，再依据《中国淡水藻类——系统、分类及生态》（胡鸿钧等，2006）进行属种鉴定。浮游植物细胞丰度采用样方法，浮游植物生物量采用细胞体积法（Hasle et al.，1978）。

9.2.3 环境因子测定方法

断面的水样依据《污水监测技术规范》（HJ 91.1—2019）进行采集。水质理化指标依据国家环境保护总局2002年颁布的《水和废水监测分析方法》（第四版）及其他环境方法标准进行测定。

9.2.4 数据处理分析方法

以2018年9月松花江典型省界缓冲区的水质数据为基础，采用SPSS软件对18个典型监测断面的水质指标进行主成分分析，遴选出主要影响水质的指标。以典型监测断面中浮游植物群落的监测数据为基础，采用Y判断群落的优势种，采用H'、J'和d来研究浮游植物群落的结构特征。

以典型监测断面的主成分分析法确定的主要水质指标与浮游植物优势种的优势度为基础数据，采用RStudio软件对浮游植物群落与环境因子进行典范对应分析。

9.3 结果与分析

9.3.1 松花江干流水质情况分析

根据《地表水环境质量标准》（GB 3838—2002），于 2018 年 9 月对加西、古城子、尼尔基大桥、萨马街、拉哈、新发、大河、原种场、江桥、两家子水文站、塔虎城渡口、马克图、88 号照、蔡家沟、龙家亮子、振兴、肖家船口及向阳共 18 个断面的水质情况进行监测。选取 12 项指标进行主成分分析，选出对水质影响较大的水质指标。

由表 9-1 可知，松花江干流水质前 4 个主成分的累积贡献率达到了 91.898%，根据不同主成分中水质指标载荷的绝对值是否超过 0.7 来提取主成分。因此，松花江干流的主要环境影响因子为 pH、DO、COD_{Mn}、COD、BOD_5、NH_3-N、TP、Cu 和 Zn 共 9 项。整体来说，松花江流域水质（Ⅲ～Ⅴ类），优于嫩江流域水质（Ⅲ～劣Ⅴ类）。从单项水质指标的监测结果来看，18 个断面的 pH、DO、BOD_5 的含量相差不大，而 COD_{Mn}、COD、NH_3-N、TP、Cu 和 Zn 的含量差别较大，且这 6 项指标的变化趋势相同。

表 9-1　旋转后的成分矩阵

项目	成分			
	PC1	PC2	PC3	PC4
pH	−0.027	−0.256	−0.213	**0.909**
DO	0.165	**−0.900**	−0.206	0.107
COD_{Mn}	0.209	0.095	**0.955**	−0.019
COD	0.059	0.091	**0.970**	−0.148
BOD_5	0.251	**0.843**	0.015	−0.125
NH_3-N	**0.879**	0.277	−0.084	−0.251
TP	**0.962**	0.038	0.075	0.131
Cu	**0.959**	−0.002	0.196	0.016
Zn	**0.952**	0.009	0.240	−0.008
氟化物	0.460	0.625	−0.062	0.531
As	0.558	−0.473	−0.210	−0.540

续表

项目	成分			
	PC1	PC2	PC3	PC4
特征值	4.439	2.455	1.869	1.346
方差百分比/%	40.357	22.316	16.990	12.237
累积/%	40.357	62.672	79.662	91.898

注：1. 提取方法为主成分分析法。

2. 旋转方法为凯撒正态化最大方差法。

3. 旋转在 6 次迭代后已收敛。

4. 数据加粗部分表示环境因子在不同主成分中的载荷绝对值超过 0.7。

18 个监测断面中，加西的 COD 与 COD_{Mn} 浓度最高，其中，COD 为 37.2mg/L，是所有监测断面 COD 均值的 2.27 倍，COD_{Mn} 为 13.65mg/L，是所有监测断面 COD_{Mn} 均值的 2.69 倍，由此可见加西断面受有机物污染最严重。

新发、大河两个断面的 NH_3-N、TP、COD_{Mn}、COD、Cu 和 Zn 的浓度明显高于其他断面，是水质最差的两个断面。新发断面的 NH_3-N 浓度最高，为 0.961mg/L，是均值的 2.29 倍；TP 浓度最高，为 1.15mg/L，是均值的 3.11 倍；Cu 浓度是均值的 5.46 倍；Zn 浓度是均值的 7.21 倍。大河断面的 NH_3-N 浓度为 0.911mg/L，是均值的 2.17 倍；TP 浓度为 1.08mg/L，是均值的 2.92 倍；Cu 浓度是均值的 5.25 倍；Zn 浓度是均值的 5.55 倍。新发、大河两个断面的氮、磷污染严重，可能是断面临近屋里窝屯与尖子山村，受到农业用肥的影响。

以主成分分析得到的各断面公因子得分为基础，可以计算出各断面的综合得分。综合得分是按照各个公因子方差所占的比例乘以各个公因子得分再求和来计算的。综合得分越高说明断面水质污染越严重。断面水质优劣排序结果见表 9-2。

表 9-2　2018 年 9 月典型断面的公因子得分系数表

断面名称	FAC1_1	FAC2_1	FAC3_1	FAC4_1	综合得分	排名
加西	−0.88451	−0.82729	3.26694	0.47785	0.078322	4
古城子	−0.10625	−0.55766	−0.39960	0.54499	−0.18340	9
尼尔基大桥	−0.92634	0.27545	0.58130	−0.25227	−0.26599	12
萨马街	−0.48621	−0.31814	−0.38545	0.43716	−0.30382	13
拉哈	−0.61003	−0.66233	0.54772	0.49237	−0.26190	10

续表

断面名称	FAC1_1	FAC2_1	FAC3_1	FAC4_1	综合得分	排名
新发	2.82336	0.10100	0.59844	−0.01481	1.372975	1
大河	2.4391	0.14101	0.52151	0.11375	1.216852	2
原种场	0.22476	−0.34852	−0.97995	0.79192	−0.06168	6
江桥	−0.25703	−0.45760	−0.86664	0.91233	−0.26275	11
两家子水文站	−0.33100	0.05013	−1.17352	1.46015	−0.15572	8
塔虎城渡口	−0.17055	−0.38109	−0.27650	0.89493	−0.09940	7
马克图	−0.11320	−0.14991	−0.04448	0.56100	−0.01964	5
88号照	−0.21808	−0.38941	−0.48837	−0.39467	−0.33317	15
蔡家沟	−0.07133	−0.26700	−0.01181	−1.76012	−0.33270	14
龙家亮子	−0.51181	3.82369	0.39548	0.41876	0.832727	3
振兴	−0.26467	−0.04915	−0.45073	−0.99805	−0.34438	16
肖家船口	−0.16158	0.08461	−0.98180	−1.69911	−0.45816	18
向阳	−0.37464	−0.06779	0.14746	−1.98619	−0.41817	17

根据断面排序结果可知，松花江干流18个典型断面水质从优至劣依次为肖家船口、向阳、振兴、88号照、蔡家沟、萨马街、尼尔基大桥、江桥、拉哈、古城子、两家子水文站、塔虎城渡口、原种场、马克图、加西、龙家亮子、大河、新发。肖家船口、向阳断面位于上游，且肖家船口为国家考核断面，水质理应较好。水质最差的大河、新发断面位于中下游，分别临近齐齐哈尔市与尖山子村，受到工农业污染的概率高。结合各个断面的地理位置可以看出，从上游至下游水质大致呈现出先恶化再转好又恶化的趋势。

9.3.2 松花江浮游植物群落结构特征

1. 浮游植物种类组成

松花江18个监测断面共检测出浮游植物5门41种，其中硅藻门（Bacillariophyta）的种类最丰富，有35种；其次是裸藻门（Euglenophyta）有3种；蓝藻门（Cyanophyta）、金藻门（Chrysophyta）、绿藻门（Chlorophyta）均只有1种。

2. 浮游植物细胞丰度

松花江 18 个典型监测断面的浮游植物细胞丰度空间分布如图 9-1 所示。

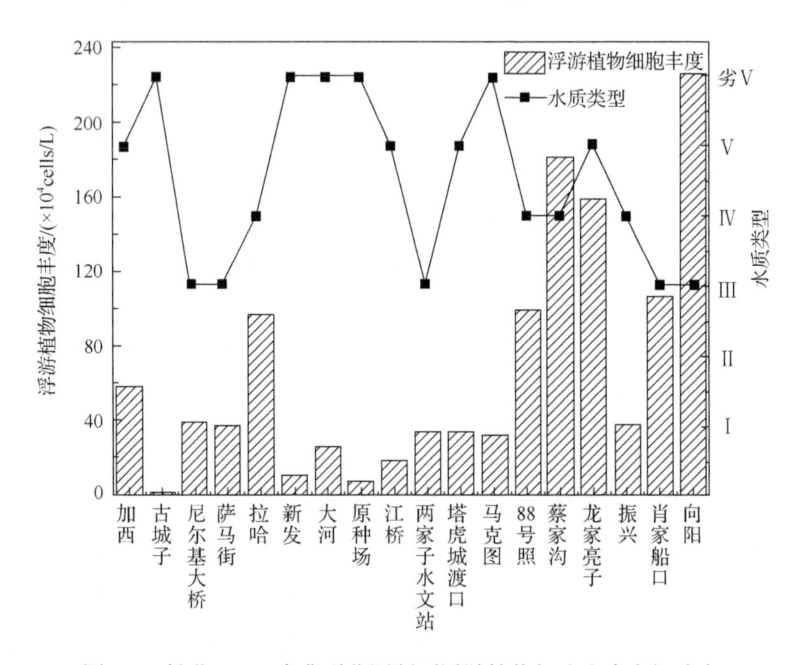

图 9-1　松花江 18 个典型监测断面浮游植物细胞丰度空间分布

结合各断面单因子评价的水质类型可以看出，水质较好的断面如向阳、肖家船口，其浮游植物细胞丰度较高，而水质较差的断面如古城子、新发、大河和原种场，其浮游植物细胞丰度均较低。由此可见，水质的变化趋势与浮游植物细胞丰度的变化趋势大致相同。当断面水质逐渐变好时，其浮游植物细胞丰度在逐渐变高；断面水质逐渐变差时，其浮游植物细胞丰度在逐渐变低。因此，浮游植物细胞丰度的高低对松花江干流水质情况具有一定的指示作用。

3. 浮游植物优势种

表 9-3 为松花江 18 个典型监测断面浮游植物的优势种及优势度。

表 9-3　2018 年 9 月松花江流域典型断面的浮游植物优势种及优势度分布

	优势种	断面名称及优势度（*Y*）
蓝藻门（Cyanophyta）	泽丝藻（*Limnothrix*）	加西（0.072）、新发（0.167）、两家子水文站（0.025）、肖家船口（0.049）
硅藻门（Bacillariophyta）	布纹藻（*Gyrosigma*）	萨马街（0.232）、拉哈（0.031）、大河（0.096）、原种场（0.158）、江桥（0.097）、塔虎城渡口（0.123）、马克图（0.025）、龙家亮子（0.025）、振兴（0.024）
	桥弯藻（*Cymbella*）	加西（0.025）、萨马街（0.328）、大河（0.078）、原种场（0.105）、两家子水文站（0.080）、塔虎城渡口（0.043）、88 号照（0.026）、龙家亮子（0.097）、振兴（0.030）、肖家船口（0.027）
	舟形藻（*Navicula*）	加西（0.053）、萨马街（0.075）、拉哈（0.043）、新发（0.039）、大河（0.190）、原种场（0.153）、江桥（0.055）、两家子水文站（0.038）、塔虎城渡口（0.041）、马克图（0.109）、88 号照（0.093）、蔡家沟（0.058）、龙家亮子（0.166）、振兴（0.169）、肖家船口（0.130）、向阳（0.146）
	双菱藻（*Surirella*）	萨马街（0.174）、拉哈（0.041）、大河（0.031）、江桥（0.057）、两家子水文站（0.024）
	脆杆藻（*Fragilaria*）	加西（0.021）、萨马街（0.1）、古城子（1）、尼尔基大桥（0.032）、拉哈（0.028）、新发（0.021）、大河（0.065）、原种场（0.297）、江桥（0.023）、两家子水文站（0.080）、塔虎城渡口（0.043）、马克图（0.104）、88 号照（0.055）、蔡家沟（0.027）、龙家亮子（0.163）、振兴（0.097）、肖家船口（0.098）、向阳（0.079）
	变异直链藻（*Melosira varians*）	加西（0.094）、萨马街（0.039）、拉哈（0.045）、新发（0.035）、大河（0.036）、原种场（0.023）、江桥（0.029）、两家子水文站（0.076）、马克图（0.152）、88 号照（0.027）、蔡家沟（0.166）、龙家亮子（0.157）、振兴（0.242）、肖家船口（0.172）、向阳（0.310）
	卵形藻（*Cocconeis*）	龙家亮子（0.031）、肖家船口（0.021）
	小环藻（*Cyclotella*）	加西（0.043）、尼尔基大桥（0.827）、萨马街（0.042）、拉哈（0.038）、新发（0.074）、大河（0.109）、原种场（0.096）、江桥（0.021）、两家子水文站（0.076）、塔虎城渡口（0.422）、马克图（0.201）、88 号照（0.107）、蔡家沟（0.201）、龙家亮子（0.168）、振兴（0.090）、向阳（0.083）
	颗粒直链藻（*Aulacoseira granulata*）	加西（0.229）、拉哈（0.524）、大河（0.067）、江桥（0.416）、两家子水文站（0.262）、塔虎城渡口（0.125）、马克图（0.204）、88 号照（0.106）、蔡家沟（0.075）、龙家亮子（0.043）、振兴（0.192）、肖家船口（0.034）、向阳（0.164）
	颗粒直链藻极狭变种（*Melosira granulata* var. *angustissima*）	大河（0.036）、88 号照（0.140）、蔡家沟（0.098）、肖家船口（0.047）

注：浮游植物优势种均为 *Y*>0.02 的种类。

2018 年 9 月松花江浮游植物优势种有蓝藻门（Cyanophyta）、硅藻门（Bacillariophyta）2 门，共 11 种。其中蓝藻门有泽丝藻（*Limnothrix*）1 种，硅藻门有布纹藻（*Gyrosigma*）、桥弯藻（*Cymbella*）、舟形藻（*Navicula*）、双菱藻（*Surirella*）、脆杆藻（*Fragilaria*）、变异直链藻（*Melosira varians*）、卵形藻（*Cocconeis*）、小环藻（*Cyclotella*）、颗粒直链藻（*Aulacoseira granulata*）、颗粒直链藻极狭变种（*Melosira granulata* var. *angustissima*）共 10 种。由此可见，松花江浮游植物以硅藻门（Bacillariophyta）为主。18 个断面中，古城子断面的浮游植物种类最少，仅有脆杆藻（*Fragilaria*）1 种，大河断面浮游植物优势种最多，均为硅藻门（Bacillariophyta），共 9 种。

各优势藻种在 18 个断面中出现的频率如图 9-2 所示。

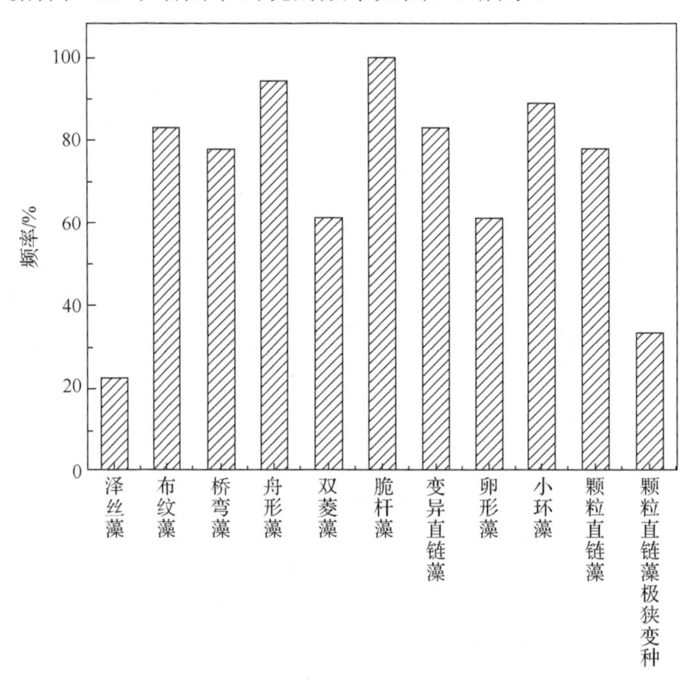

图 9-2　各优势藻种出现频率

从松花江优势藻种的出现频率可以看出，脆杆藻（*Fragilaria*）在 18 个断面中出现频率最高（100%），泽丝藻（*Limnothrix*）出现频率最低（22.2%）。其他 9 种优势藻种的出现频率从高到低依次为：舟形藻（*Navicula*）（94.4%）＞小环藻（*Cyclotella*）（88.9%）＞布纹藻（*Gyrosigma*）、变异直链藻（*Melosira varians*）（83.3%）＞桥弯藻（*Cymbella*）、颗粒直链藻（*Aulacoseira granulata*）（77.8%）＞双菱藻（*Surirella*）、卵形藻（*Cocconeis*）（61.1%）＞颗粒直链藻极狭变种（*Melosira granulata* var. *angustissima*）（33.3%）。

总体来看，松花江浮游植物优势种的分布情况与种类组成情况基本一致。

4. 群落生物多样性

生物多样性是指物种层面上的生物多样性，具有多种类型，且随着空间尺度和时间的变化而变化，其广泛用于国内外的生态监测中，多以指数的形式使用。

图 9-3 为松花江典型断面浮游植物 H'、J' 和 d 三种指数趋势对比。由于古城子断面仅含有脆杆藻（*Fragilaria*）1 种浮游植物，因此下文中多样性指数的计算不包含该断面。

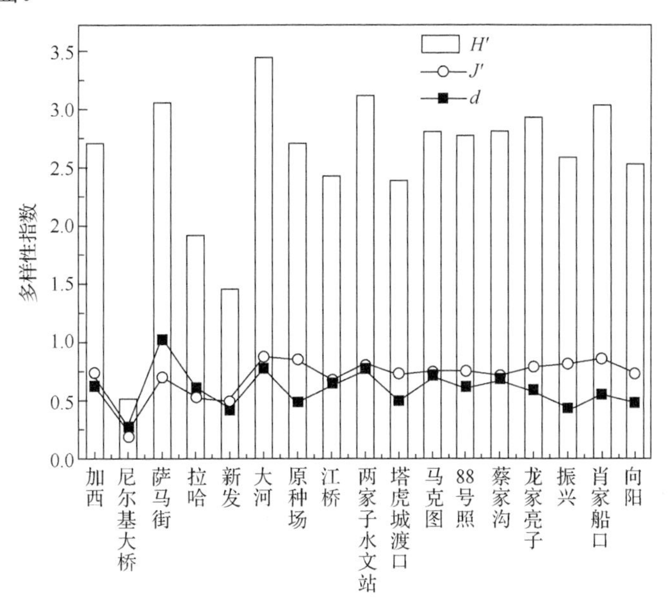

图 9-3　松花江典型断面浮游植物 H'、J'和 d 三种指数趋势对比

2018 年 9 月松花江从上游至下游，浮游植物的 H'、J'和 d 的空间分布基本一致，H'较高的断面，J'和 d 也较高。

本次监测结果显示，H'介于 0.50～3.44，均值为 2.54，最大值出现在大河断面，最小值出现在尼尔基大桥断面。J'介于 0.19～0.88，均值为 0.70，最大值出现在大河断面，最小值出现在尼尔基大桥断面。d 介于 0.27～1.03，均值为 0.60，最大值出现在萨马街断面，最小值出现在尼尔基大桥断面。结合萨马街、大河断面浮游植物细胞丰度可以看出，这两个断面的浮游植物细胞丰度低，但是藻种多样性高。

9.3.3　松花江干流浮游植物与环境因子的关系

受地理位置、微生物群落结构、污染物的排入等因素的影响，各流域浮游植物生长的限制性环境因子也不同。为了更全面、科学地了解浮游植物群落结构特征，探究浮游植物与水质理化指标的相关性尤为重要。

本节选取 18 个典型监测断面的 9 项主要水质指标（pH、DO、COD_{Mn}、COD、BOD_5、NH_3-N、TP、Cu 和 Zn）监测值与 11 个优势藻种的优势度 Y 为基础数据，采用 RStudio 软件进行典范对应分析（canonical correspondence analysis，CCA），分析结果见图 9-4。

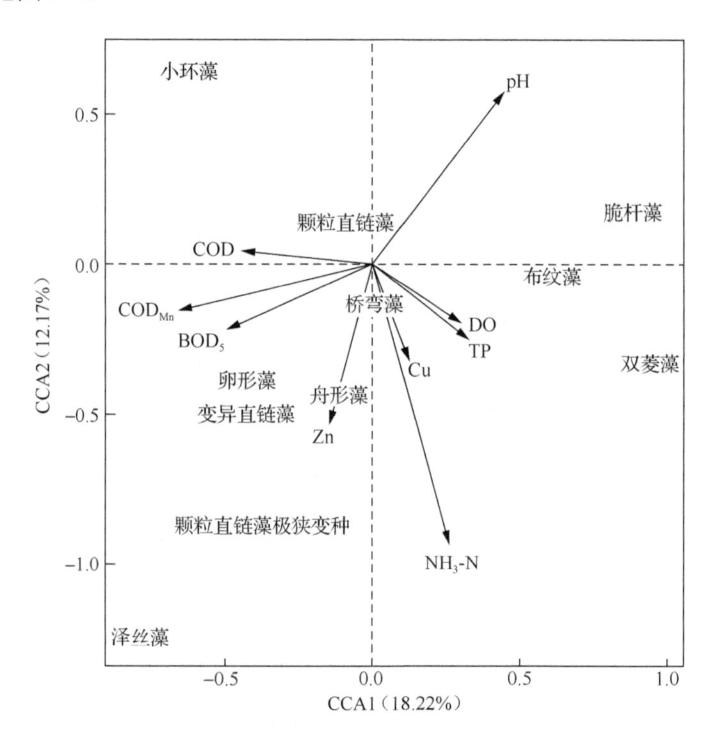

图 9-4　优势藻种与水质理化指标典范对应分析

如图 9-4 所示，泽丝藻（*Limnothrix*）与 COD_{Mn}、COD、BOD_5、NH_3-N、Cu、Zn 呈显著正相关，与 pH 呈显著负相关；布纹藻（*Gyrosigma*）与 pH、DO、TP 呈显著正相关，与 COD_{Mn}、COD、BOD_5、Zn 呈负相关；桥弯藻（*Cymbella*）与 DO、TP、NH_3-N、Cu、Zn 呈正相关，与 pH 呈负相关；舟形藻（*Navicula*）与 DO、TP、COD_{Mn}、BOD_5、NH_3-N、Cu、Zn 呈正相关，与 pH 呈负相关；双菱藻（*Surirella*）和脆杆藻（*Fragilaria*）与 pH、DO、TP、NH_3-N、Cu 呈显著正相关，

与COD_{Mn}、COD、BOD_5呈显著负相关；变异直链藻（*Melosira varians*）和卵形藻（*Cocconeis*）与COD_{Mn}、COD、BOD_5、NH_3-N、Cu、Zn呈正相关，与pH、DO、TP呈负相关；小环藻（*Cyclotella*）和颗粒直链藻（*Aulacoseira granulata*）与pH、COD呈显著正相关，与DO、TP、NH_3-N、Cu、Zn呈显著负相关；颗粒直链藻极狭变种（*Melosira granulata* var. *angustissima*）与BOD_5、NH_3-N、Cu、Zn呈显著正相关，与pH呈显著负相关。

整体来看，pH、COD_{Mn}和NH_3-N是影响松花江干流浮游植物群落结构的主要环境因子，其中pH主要影响泽丝藻（*Limnothrix*）、布纹藻（*Gyrosigma*）、双菱藻（*Surirella*）、脆杆藻（*Fragilaria*）、小环藻（*Cyclotella*）和颗粒直链藻极狭变种（*Melosira granulata* var. *angustissima*）；COD_{Mn}主要影响泽丝藻（*Limnothrix*）、双菱藻（*Surirella*）和脆杆藻（*Fragilaria*）；NH_3-N主要影响泽丝藻（*Limnothrix*）、双菱藻（*Surirella*）、颗粒直链藻极狭变种（*Melosira granulata* var. *angustissima*）和颗粒直链藻（*Aulacoseira granulata*）。其余6项水质理化指标对浮游植物的群落结构也有一定的影响。

9.4 本章小结

（1）2018年9月松花江18个省界缓冲区监测断面共检测到浮游植物5门41种，其中硅藻门（Bacillariophyta）有35种，占藻种总数的85.4%。蓝藻门（Cyanophyta）的泽丝藻（*Limnothrix*）、硅藻门（Bacillariophyta）的布纹藻（*Gyrosigma*）、桥弯藻（*Cymbella*）、舟形藻（*Navicula*）、双菱藻（*Surirella*）、脆杆藻（*Fragilaria*）、变异直链藻（*Melosira varians*）、卵形藻（*Cocconeis*）、小环藻（*Cyclotella*）、颗粒直链藻（*Aulacoseira granulata*）、颗粒直链藻极狭变种（*Melosira granulata* var. *angustissima*）共11种藻为优势藻种。

（2）2018年9月松花江浮游植物的细胞丰度在0.149×10^4～225.369×10^4cells/L，平均丰度为66.361×10^4cells/L。结合各断面单因子评价的水质类型可以看出，水质的变化趋势与浮游植物细胞丰度的变化趋势大致相同。当断面水质逐渐变好时，其浮游植物细胞丰度在逐渐变高；断面水质逐渐变差时，其浮游植物细胞丰度在逐渐变低。因此，浮游植物细胞丰度的高低对松花江水质情况具有一定的指示作用。

（3）调查期间，松花江浮游植物的 H'介于 0.50～3.44，均值为 2.54；J'介于 0.19～0.88，均值为 0.70；d 介于 0.27～1.03，均值为 0.60。从浮游植物优势种与水质指标的典范对应分析结果可以看出，pH、COD_{Mn}和 NH_3-N 是影响松花江浮游植物群落结构的主要环境因子。

第 10 章　水质实验室管理系统

松辽流域水环境监测中心开发的水质实验室管理系统是一个以水质监测为核心，以标准水质数据库支撑，以浏览器-服务器（browser/server，B/S）模式运行实验室信息管理系统。部署到应用服务器后，客户端以浏览器的方式访问和使用。系统主要解决日常水质业务工作中业务人员最为关心的水质评价、数据管理、报表生成等工作，将烦琐评价计算过程进行无纸化自动办公。

10.1　水质数据管理业务功能简介

10.1.1　基本信息录入

超级管理员登录进入系统后，首先可以把基本信息录入系统中。基本信息是指评价对象的基本信息，基本评价对象有地表水监测站、大气降水监测站、水功能区、湖库、水资源分区、行政区划、水功能区与监测站关系。基本信息的导入是超级管理员和中心部门中被赋予基本信息导入权限的用户才能使用的功能。基本信息的录入分为两种方式，一种是导入 Excel 表格，一种是手动添加基本信息。

10.1.2　监测数据录入

基本信息是基础，监测数据是核心，评价结果和报表都需要正确的基本信息和监测数据做支撑。而在本系统中监测数据的录入离不开权限的控制。监测数据的录入是在基本信息导入之后进行的，系统中没有基本信息数据，那么监测数据是无法导入系统中去的。监测数据一般由数据录入人员进行录入。用户只需录入自己分配的管理对象的监测数据。在水资源质量分析评价中，系统提供监测数据批量导入和监测数据手动录入功能。

1. 监测项目管理

在监测数据录入之前，我们需要对监测项目按照具体情况进行相应的设置。监测项目管理直接影响监测数据能否正确录入系统。监测项目管理是由系统管理员进行管理设置，初次使用系统时，可通过项目名称快速查询到相应监测项目，对监测项目的最大值/长度、小数位数、计量单位和项目描述进行修改操作。

2. 监测数据的批量导入

通过系统选择数据类别后，系统弹出文件上传对话框，点击文件上传对话框的添加按钮，将打开文件选择对话框，选择要上传的 Excel 文件，在选择 Excel 文件上传后，会弹出对话框提示文件是否符合规范。导入文件数据是正确的，则可导入数据。若为空或格式存在错误，数据是无法导入系统中的，可点击下载数据按钮进行查验修改。下载数据文件后打开，错误会标注成红色框，鼠标放上去提示错误原因。

3. 监测站异常监测数据维护

在监测数据批量导入的过程中，存在警告问题的数据就会进入异常测站监测数据维护中，在异常数据维护中通过查询、修改成符合系统的有效数据后才能参与评价。

4. 监测数据手动录入

系统管理员为其他用户分配设置录入和校核的测站。其他用户在使用自己的账号登录系统后，可对系统管理分匹配的测站进行监测数据录入与校核。

5. 监测数据校核

在手动添加监测数据到系统中后，数据并不能马上参与评价，还需对提交的监测数据进行校核，校核完成并符合系统标准的数据才能参与评价。系统总体采用先配置后直接调用校核的原则、由系统管理员分配需校核的测站和校核的项目、监测数据录入人员在自己权限范围内即可进行监测数据的校核。

6. 维护

数据维护是对成功导入系统中的基本信息和监测数据进行查询、添加、修改和删除。基本信息查询是指评价对象的基本信息查询。基本信息查询对象有地表水测站、降水测站、水功能区、湖泊和水库。查询结果都可以导出Excel。

7. 地表水监测数据概况

地表水监测数据概况反映所选测站在所选时间段的监测情况，包括开始监测时间、结束监测时间、监测次数以及测站的基本信息。

8. 数据同步

数据同步包括同步其他系统的数据的接口功能和同步本系统的数据到其他的水资源质量综合服务系统中的功能。同步监测数据可以选择上传地址和测站分组，并确定开始和结束时间，点击确定按钮，传输进程日志会显示传输的具体信息。

10.2 管理系统主要内容

10.2.1 检测业务流程管理

1. 检测任务管理

可自定义实验室的检测任务类型，如每月常规监测任务、委托任务及各种临时任务。对每种监测任务包含哪些批次、这些批次包含哪些站点、站点包含哪些监测项目实现灵活的自定义功能，系统具备各类站点的增加、删除及修改功能。站点的信息管理包含站点名称、站点编码、位置（经纬度）、所属河系、流域名称、水体类型等。可灵活设置各类监测项目模板，如地表水24项、地表水109项等，减轻下达采样任务人员的工作量。

2. 下达采样任务

管理人员可以方便选择采样站点、采样人员、采样时间、下达采样任务（图10-1），采样任务下达后，系统生成采样任务通知单（图10-2），实现采样瓶跟化验项目的自动关联，根据监测项目自动判断各个站点所需的采样瓶种类及瓶数。

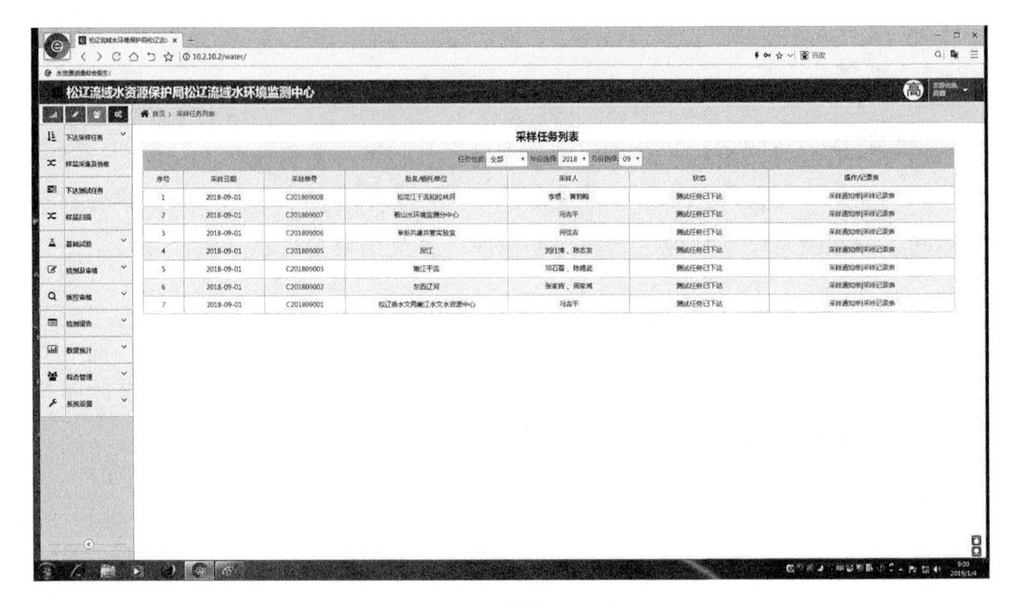

图 10-1　采样任务列表

松辽流域水资源保护局松辽流域水环境监测中心

首页 › 采样任务列表 › 采样通知单

松辽流域水环境保护局松辽流域水环境监测中心

采（抽）样任务通知单

任务性质：常规任务　　现场检测项目：☑水温 ☑pH ☑溶解氧　　采样时间：2018-06-01

序号	站点	经/纬度	G1棕色实心塞	G2棕色	P1	G9	G7	G4	G5	G6	G3	G8棕色实心塞	P2	P3	P4棕色或遮光
			1L	1L	500mL	250mL	250mL	1L	1L	150mL	1L	250mL	1L	250mL	250mL
1	白沙滩	123.835833 46.308611	1	1	1	1	1	1	2	1					
2	大安	124.285278 45.534722	1	1	1	1	1	1	2	1					
3	马克图	124.599722 45.4475	1	1	1	1	1	1	2	1					
4	塔虎城渡口	124.384722 45.440556	1	1	1	1	1	1	2	1					
5	塔虎城渡口(平行)	124.384722 45.440556	1	1	1	1	1	1	2	1					
6	松林		1	1	1	1	1	1	2	1					
保存剂说明		**G1棕色实心塞**：无。**G2棕色**：0.5ml浓硫酸。**P1**：2.5ml浓盐酸。**G9**：无。**G7**：0.05ml氢氧化钠(0.2g/L)。**G4**：加入浓磷酸，条件样品pH≈4；同时加入1g硫酸铜，使样品中的硫酸铜质量浓度约为1g/L。**G5**：1ml浓盐酸。**G6**：无。**G3**：无。**G8棕色实心塞**：加入0.5ml的乙酸锌-乙酸钠溶液（50g乙酸锌河12.5g乙酸钠溶于1L水中），0.25ml氢氧化。**P2**：0.5-1.0g氢氧化钠。**P3**：2.5ml浓硝酸。**P4棕色或遮光**：无。													

图 10-2　采样任务通知单

采用条形码技术，一个条形码贯穿整个样品周期，无须更换标签，简化工作、控制监测成本，并且全数据描述样瓶的特征，同时克服采样点与样品相对应的质控漏点，使检验员不知道检测的地点、委托人等信息，使监测工作更加符合质量控制要求。

3. 样品的采集

采样人员将根据系统打印的采样任务通知单去现场采样，将现场检测项目如pH、水温的检测数据填报到手持终端的现场测定记录表中，回到实验室进行保密入库。

4. 样品接收

采样人员返回实验室与样品管理员进行样品交接，样品管理员确认各采集样品质量和数量符合实验室采样规范要求，并检查现场测试数据记录，存在问题要与采样人员沟通并填写相应的备注信息。对于不符合水样采集和储运规定的样品，系统可以拒绝接收，并提供备注说明。对于样品管理室的样品，可以通过无线扫描枪直接扫描样品来判断该样品是否已经化验结束，方便样品管理人员进行相应的处理。

5. 下达测试任务

有相应权限的人员下达测试任务后，系统自动生成该批次的检测任务列表（图 10-3），管理人员在核查该批次检测任务时，如发现站点项目有误，可以进行增加和删除操作，如果确认没有问题，所有化验任务将按照预先设置分配到相应化验人员，考虑到人员请假或者其他特殊情况，系统可以临时进行调整。

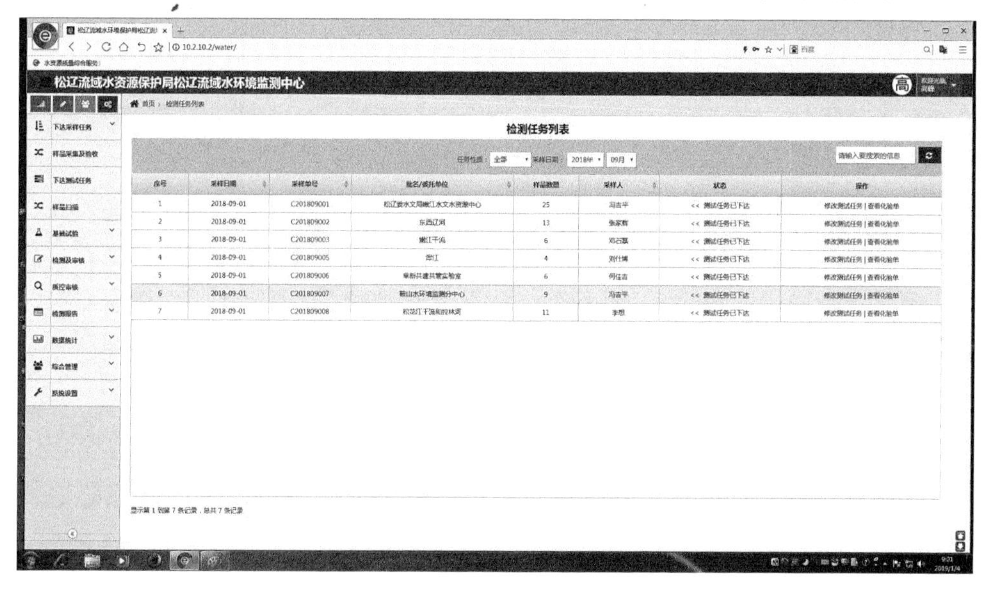

图 10-3　检测任务列表

对于一些特别重要的检测任务，如突发污染事故的检测任务、委托客户明确提出报告出具时限的检测任务，系统可以将该任务优先排列或者变色，同时在检测员个人任务进程中可以进行警示和提醒，以确保该任务及时完成。

6. 检测任务通知书

化验人员根据系统下达的测试任务去样品管理室领取各自的样品，确认样品状态符合检测要求后，在系统上点击签字，系统自动记录签字时间，生成样品领用的检测任务通知书（图 10-4）。

图 10-4　检测任务通知书

7. 检测

标准溶液的配置和标定：系统建立标准溶液的基本信息档案，对溶液配置日期、配置人、试剂名称、干燥条件、标定日期、标定记录等信息进行管理以方便查询与质量控制。

检测人员登录自己系统，在自己的任务界面可以直接查看本人的检测任务。检测完成时，可以直接点击进入原始记录表进行数据的录入，在原始记录表中（图 10-5），对于液相色谱仪、气相色谱仪、流动分析仪、原子吸收分光光度计、原子荧光光度仪等各类的检测仪器实现数据自动采集功能，仪器产生的原始谱图当自动关联到每张原始化验表单，确保数据的可追溯。同时，要实现所有化验项目涉及的自动计算、位数保留、修约规则、是否小于检出限判断等。

流动分析法检测化学需氧量（COD）原始记录表

分析日期：2018-09-08　　温度(℃)：21 湿度(%) 35　　采样日期 2018-09-01

检测项目	化学需氧量（COD）		测定方法	SLS/OG 023-2010		检出限	0.67mg/L
仪器名称	连续流动分析仪	仪器型号	SEAL-AA3	仪器编号	1304065	质控样浓度	20.1
序号	样品编号		稀释倍数	响应值（DU）	仪器读数	含量(mg/L)	
1	SJ201809-0001		1	31049	37.19	37.2	
2	SJ201809-0001P		1	31091	37.28	37.3	
3	SJ201809-0001J		1				
4	SJ201809-0001X		1	37438	50.31	50.3	
5	SJ201809-0002		1	22526	19.69	19.7	
6	SJ201809-0003		1	22108	18.83	18.8	
7	SJ201809-0006		1	22025	18.66	18.7	
8	SJ201809-0007K		1	11612	-2.72	<0.67	
9	SJ201809-0007		1	22468	19.57	19.6	
10	SJ201809-0008		1	21716	18.03	18.0	
11	SJ201809-0009		1	21984	18.58	18.6	
12	SJ201809-0010		1	21822	18.25	18.2	
13	SJ201809-0011		1	19843	13.77	13.8	
14	SJ201809-0012		1	18821	11.68	11.7	
15	SJ201809-0013		1	20986	16.53	16.5	
16	SJ201809-0014		1	23831	21.96	22.0	
17	SJ201809-0015		1	22919	20.50	20.5	
18	SJ201809-0016		1	18951	12.37	12.4	

图 10-5　原始记录表

8. 数据的三级审核

系统具备单独的校核、复核、审核权限，由实验室根据实际情况进行设置，审核人员发现化验单有问题，可退回该化验单，化验人员查明问题原因后进行相关修改，所有修改会被系统记录。

为确保校核、复核、审核人员能够及时审核检测数据，系统可以设置规定的数据审核时间，对每个审核人员的月、年进行延迟审核次数统计。

9. 检测报告

按照实验室要求自动生成常规监测任务、外界委托任务、临时性任务等各类检测报告并提供 Excel 格式的下载功能（图 10-6）。

松辽流域水资源保护局松辽流域水环境监测中心

检 测 报 告

样品名称/项目	粪大肠菌群 mg/L	水温	pH值	高锰酸盐指数 mg/L	挥发酚 mg/L	阴离子表面活性剂 mg/L	石油类 mg/L	溶解氧	化学需氧量（COD）mg/L	五日生化需氧量（BOD5）mg/L	总磷（以P计）mg/L	总氮 mg/L	铜 mg/L	铬（六价）mg/L	铅 mg/L
苗家堡子		16.6	7.48	3.75			<0.01	8.67	13.2		0.51				
白沙滩		21.8	8.08	4.14			<0.01	8.50	16.3						
大安		21.0	8.61	4.46			<0.01	9.26	15.6						
马克图		21.0	7.91	4.80			<0.01	8.62	17.3						
瑞虎城渡口		23.9	8.12	3.91			<0.01	8.52	15.0						
下岱吉		18.3	7.13	4.89			<0.01	8.46	15.6						
88号桥		18.0	7.41	3.72			<0.01	8.21	12.8						
肖家船口		18.4	6.95	2.94			<0.01	7.96	9.90						
向阳		18.9	6.81	5.27			<0.01	7.98	19.5						
振兴		18.7	7.26	3.77			<0.01	8.35	13.4						
蔡家沟		18.4	7.10	5.12			<0.01	8.29	19.8						
板子房		18	7.14	5.35			<0.01	8.49	18.6						
扎牛河大桥															
和平桥		20.4	6.96	2.85			<0.01	8.00	9.94						
牛头山大桥		20	6.83	5.45			<0.01	6.83	18.8						
镇中		25.2	8.33	1.88			<0.01	8.88	2.69						
龙头堡		25.5	7.68	3.85			<0.01	8.51	10.2						
白市															
王家桥		14.7	8.43	7.42			<0.01	8.10	28.4						
二道河子		16.3	8.28	3.48			<0.01	7.84	13.5						
巴彦呼舒															
巴彦扎拉															
西索山		15.3	8.45	8.88			0.02	9.03	27.5						
城子坦		24.7	8.14	3.00			0.02	8.05	6.20						
大刘家		25.5	8.42	1.89			<0.01	7.85	3.80						

图 10-6 检测报告

10.2.2 采样到位监督

针对以往人工巡视采样、手工纸介质记录的工作方式存在着人为因素多、管理成本高、无法监督监测人员实际到位状况等缺点，系统采用智能终端（平板电脑）实现采样位置的到位监督管理，具体包括以下内容：

内置电子地图，直观反映采样人员与采样点的相对位置，提醒采样人员目前位置和规定位置的相差距离。在智能终端开发现场采样记录界面，可以直接输入pH、水温、溶解氧等现场检测项目数据，回到实验室使用局域网同步上传，并将采样时间和现场检测项目数据直接发送到系统中的现场测定记录表中，同时，管理人员可以在实验室直接查看各个站点的到位情况，是否在规定的位置采样，相差多少距离，并直接在地图上进行比对查看。

在下达采样任务界面可以按照相应比例要求选择站点进行现场平行质控，平行样品会以普通样品编号进入到检测任务中，检测人员填写检测结果后，在化验单上自动计算相对偏差并判断该现场平行样品是否合格。

在下达采样任务界面可以按照相应比例要求选择该批样品是否进行全程序空白质控，通过全程序空白和室内空白检测结果的相对偏差进行质控分析。自动统计每一批次水样的质量控制措施，自动生成以下质控统计报表：实验室两空白检测结果比较表、实验室与现场空白检测结果比较表、密码平行样检测结果表、密码平行样检测结果评定表、实验室平行样控制结果表、实验室平行样检测结果评定表、加标回收率检测结果表、加标回收率检测结果评定表、盲样控制结果表。对影响检测数据的各个环节和要素进行有效溯源，包括采样现场是否有异常情况，样品运输过程是否发生污染，采样人、化验人是否具备该项目化验资质、原始记录表、三级审核情况、方法标准、仪器状况是否在检定周期内，试剂和标准物质是否在有效期范围内使用，标准曲线 t 值是否合格，实验室环境是否正常、检测数据是否经过修改，何时、何人因为什么修改等，加强数据的准确性和可靠性。

10.3　实验室资源管理模块

10.3.1　仪器管理

仪器电子档案：建立实验室仪器设备基本档案库，对设备、仪器、计量器具的出厂信息、验收、检定、保管、标准操作、校正、校验、保养、维护、使用状况、降级、报废规定等进行记录，生成规范的“水质监测仪器设备信息表”（图 10-7）。

10.2.10.2

松辽流域水资源保护局松辽流域水环境监测中心

首页 › 仪器管理

下达采样任务
样品采集及验收
下达测试任务
样品扫描
基础试验
检测及审核
质控审核
检测报告
数据统计
综合管理
仪器管理
人员管理
资源管理
文件管理
系统设置

仪器设备一览表

请选择仪器类别：　仪器名称：　保管人：　仪器状态：全部　查询　新增　返回　本月进入检定状态

序号	仪器名称	型号	价格（元）	内部编号	状态	购置日期	下次检定日期	设备存放地点	档案位置	操作
0	pH计	Meter S20			启用					
0	紫外可见分光光度计	UV-1800			启用					
0	连续流动分析仪	SKALAR SAN++			启用					
0	气质联用仪	7890-5975C			启用					
0	生化培养箱	SPX-250B-Z			启用					
0	离子色谱仪	ICS-1100			启用					
0	酸式滴定管	-			启用					
0	连续流动分析仪	SEAL-AA3			启用					
0	等离子发射光谱仪	ICAP6300			启用					
0	原子吸收分光光度仪	ICE3500			启用					
0	全自动测汞仪	MERCUR PLUS			启用					
0	原子荧光光度计	RGF-8780			启用					
0	三角瓶	-			启用					
0	COD微波消解仪	MDS-COD			启用					
0	液相色谱仪	戴安U3000			启用					
0	连续流动分析仪	SKALAR SAN++			启用					
0	电子天平	MS204S			启用					
0	红外测油仪	OIl480			启用					
0	紫外分光光度计	ICS-1100			启用					

10:36
2019/1/4

图 10-7　水质监测仪器设备信息表

校验及检修的自动提醒：系统可以设定检定周期、下次检定日期、提醒天数，实现对仪器检验的提前提醒，确保仪器处于合格使用状态。仪器操作规程的自动调用：可调用查看仪器操作规程，仪器操作人员可针对仪器具体情况进行自定义补充，逐渐形成实验室自己的知识库。仪器数据的自动采集：为避免人为的失误而造成数据的错漏，系统对实验室内包括液相色谱仪、气相色谱仪、流动分析仪、原子吸收分光光度计、原子荧光光度仪等各类的检测仪器实现数据自动采集功能，仪器产生的原始谱图应自动关联到每张原始化验表单。

10.3.2 人员管理

科室及人员管理：系统管理员可按单位的实际情况对科室和人员信息进行管理，可以增加、修改、删除科室和人员信息。人员可按部门、分组、角色进行权限管理，同一人可以属于不同角色或多个部门。

实验室人员电子档案库：建立实验室人员基本档案库，将实验室人员包括姓名、性别、出生日期、籍贯、毕业院校、学历、职务、技术职称、考核记录、工作经历、著作论文、培训情况、所受奖惩、具有哪些项目的检测能力、岗位资质证书及编号等其他信息都纳入整个系统管理，自动生成水利部要求的《人员岗位汇总表》。

人员上岗项目管理：建立人员上岗项目查询界面，可以查询每个化验人员授权的上岗考核项目，也可以按照化验项目查询有相应授权的化验人员；人员工作量自动统计：可以自动统计个人和实验室整体的周、月、年工作量，方便实验室更加合理分配检验任务。如果一个人负责多个项目，可以自动统计个人每个项目的周、月、年化验数目。随时可以查看每个实验室人员已完成工作、正在做的工作、计划中的工作，实现任务更加合理的安排和分配。

绩效管理：通过对各类质控考核和工作任务的内容、数量完成情况，结合实验室设定的不同项目计算系数（可根据实际情况进行修改）建立可量化的职工工作绩效评价指标体系，为实验室人员工作考核建立客观公正的评价方案和绩效管理。

10.3.3 器皿、试剂、样品管理

器皿管理：可以录入、增加、修改、删除、存储容器台账和容器详细信息，

如容器名称、购置时间、规格、制造商、使用地点、检测记录、报废记录等；实现关键字查询、联合检索的功能。试剂、标准物质、标准溶液管理：建立试剂、标准物质及标准溶液的管理档案，包括名称、供应厂商、成分、含量或纯度、出厂编号、出厂日期、存放条件、有效期等信息，系统自动生成标准物质、标准溶液的汇总台账，对各类资源的出入库进行严格管理，自动生成相应的领用管理台账。管理人员可以实时了解各类资源的库存信息，避免库存不足影响工作或库存过多造成过期失效、积压浪费等。系统根据设定的信息进行过期报警提示和最低库存提醒。

10.3.4　文件管理

按照实验室能力认可要求对实验室文件档案进行分类管理，具有文件管理权限的人可以自定义文件分类、每类文件包含哪些子文件，可以按类别录入、增加、删除如质量手册、程序文件、作业指导书、人员管理档案、质量活动、合同评审、内审、管理评审、行业标准等各种文件，实现 Word、Excel、TXT、PDF、JPG 等各种格式重要文件的上传（图 10-8）。

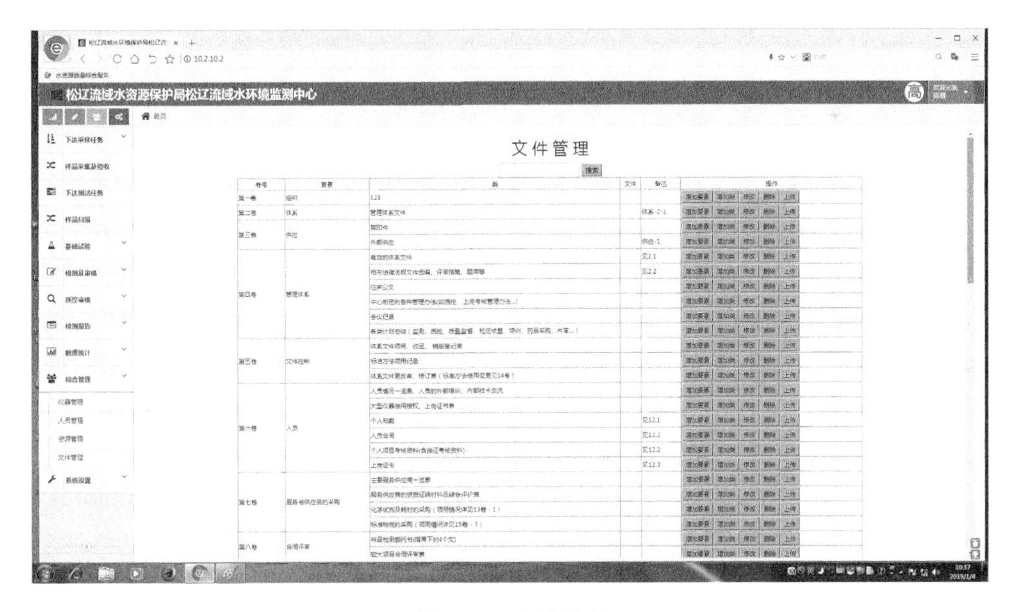

图 10-8　文件管理

10.4　系统管理模块

1. 检测项目管理

系统可以方便设置化验项目所用分析方法的基本参数、参数间关系、参数的上下限值、参数单位、参数计算公式、参数的有效位数、参数修约规则等内容。

2. 检测方法管理

检测方法是检测人员检测分析的方法依据，也是报告数据的组成部分。系统具备方法建立、查询、修改、作废、删除、存储等功能；把检测方法和检测项目建立关联，实现项目检测方法的自动调用，同一个化验项目有多种检测方法时，原始记录表界面可以提供下拉菜单供化验员选择与调整。

3. 检测标准管理

系统可以按照中心要求建立如地表水、地下水、生活饮用水等各类国家检测标准，在原始化验单和报告中自动根据站点数据进行评价（图 10-9）。

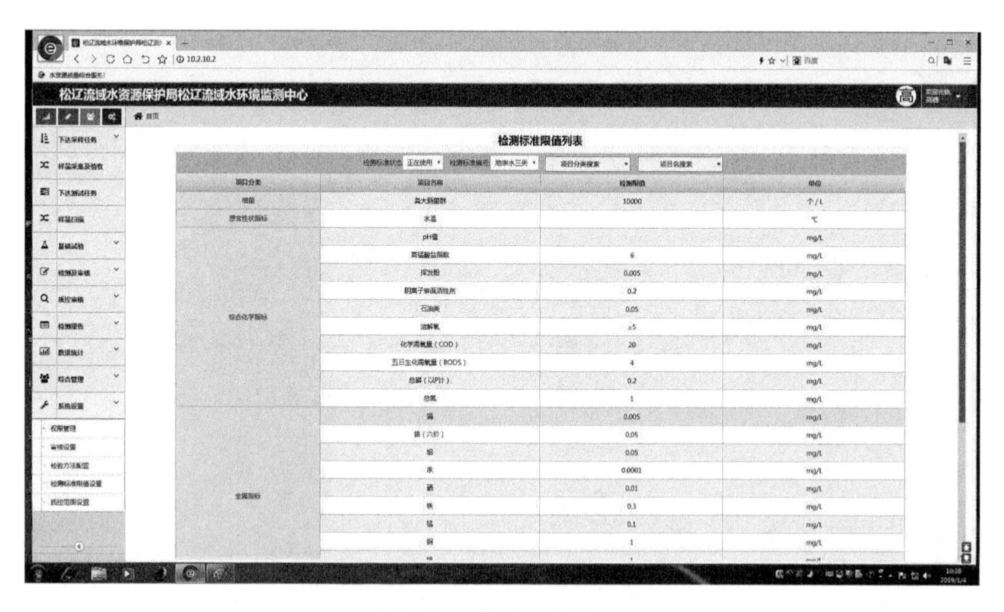

图 10-9　检测标准管理

4. 其他管理

系统具备系统登录、版本信息显示、日志管理、权限分配、数据下载等功能。其中，权限分配功能实现对不同层级、不同部门、不同人员进行权限分配设置；数据下载功能实现在用户使用层提供数据库文件下载界面，确保数据安全。

10.5 本章小结

水质监测系统以监测水质为核心，根据标准水质数据库对监测到的水质数据进行管理。松辽流域水环境监测中心开发的水质实验室监测信息管理系统进行简单操作即可获得大量所需要的水质数据，便于水质业务相关的工作人员进行数据生成、统计、分析以及预测等工作，简化烦琐的计算过程，大大提高工作效率，减少水质检测相关工作所消耗的人力、物力。

第 11 章　水质评价系统

本章主要介绍基于松花江流域水质监测数据的水质评价系统（由松辽流域水环境监测中心与武汉神州地理软件开发有限公司联合开发）。通过介绍水质评价系统的运行条件，说明系统操作步骤，详细介绍系统运行与管理，明确系统中的分类评价、分组评价、入库评价、报表中心、趋势分析、系统管理 6 个模块，重点分析水质评价功能模块、报表生成模块，为开展松花江流域省界缓冲区水质信息化评价与预测提供有效支撑。

11.1　水质评价系统运行条件

11.1.1　服务器端运行环境

1. 软件环境

操作系统：Windows 2003 服务器或以上。数据库系统：SQL Server 2008 或以上。应用服务器：Tomcat 6.0 或以上。JAVA 运行环境：jdk1.6 或以上。

2. 硬件环境

CPU：Intel Xeon 2.0GHz 或以上。内存：内存 2GB，建议使用 4GB 内存。硬盘：可用空间至少 4GB。

11.1.2　客户端运行环境

1. 软件环境

操作系统：Windows XP 或以上。浏览器：IE6.0 或以上。JAVA 虚拟机：jre1.6 或以上。

2. 硬件环境

CPU：Intel 奔腾 4 以上处理器，建议使用酷 2 处理器。内存：1GB，建议使用 2GB 内存。硬盘：可用空间至少 1GB。

11.2　系 统 登 录

11.2.1　系统主页

系统主页由水质动态、水质报告、工作动态、水质常识、技术规范、通知公告等信息栏目和水质地图与系统登录框组成，分别显示各栏目最新消息。系统登录框位于主页面的右上角，输入用户名和密码，即可登录到系统的主界面。

11.2.2　系统界面

系统主界面主要由菜单栏、功能区和结果显示区组成。系统功能模块由菜单栏进行划分，主要由分类评价、分组评价、入库评价、报表中心、趋势分析、系统管理 6 个模块组成。

分类评价主要功能如图 11-1，包括地表水水质评价、水源地指数评价、水功能区单次达标评价等 15 个功能，主要通过不同地域、不同位置和不同项目进行详细划分。

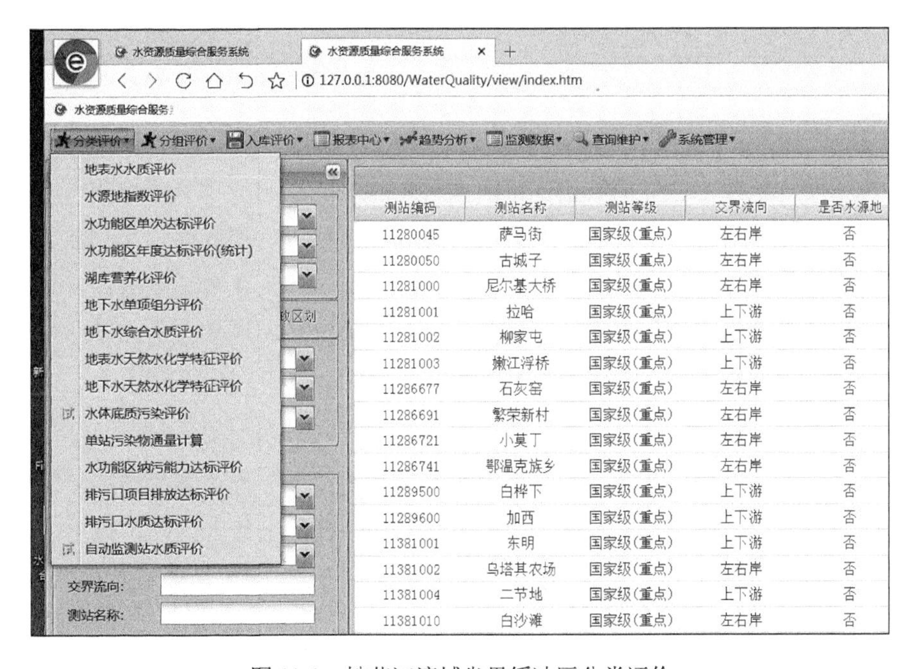

图 11-1　松花江流域省界缓冲区分类评价

如图 11-2 所示，分组评价功能区主要包括地表水水质评价、水源地指数评价、水功能区单次达标评价、水功能区年度达标评价、湖库营养化评价、地下水单项组分评价和地下水综合水质评价。主要区分在于地表水和地下水水质评价进行分类，可以按照不同地区的地表水和地下水水质情况进行系统的统计和区分。

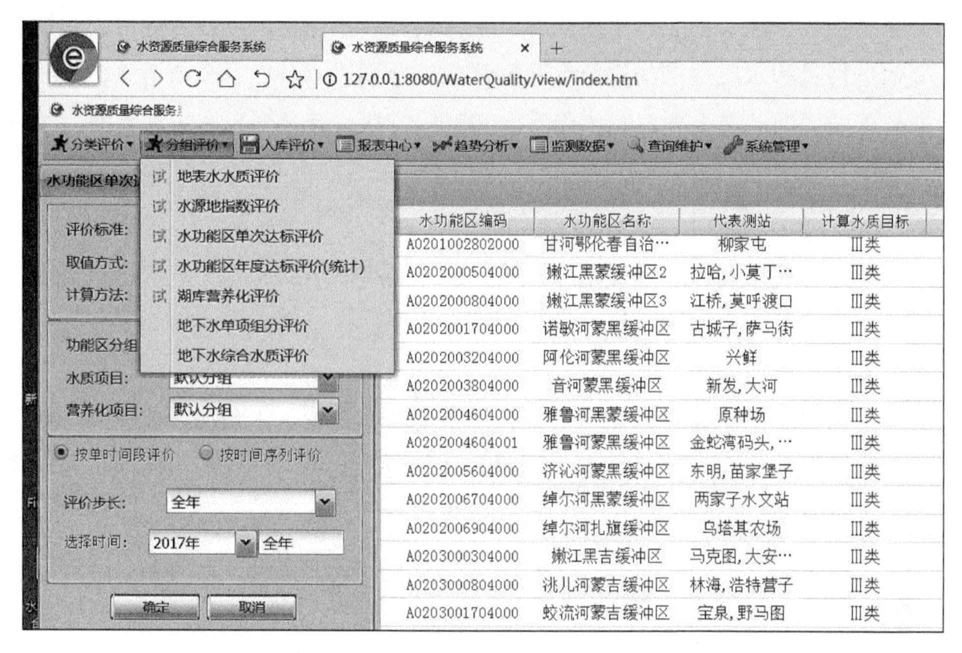

图 11-2 松花江流域省界缓冲区分组评价

入库评价系统主要包括地表水水质评价和入库、水源地指数评价和入库、水功能区单次达标评价和入库、水功能区特定因子达标评价和入库、水功能区年度达标评价（统计）和入库、湖库营养化评价和入库、地下水单项组分评价和入库和地下水综合水质评价和入库。主要是统计不同地区、不同地域的水质情况，以及一些特定因子的评价。

报表中心主要包括四个部分（图 11-3）：水资源公报、公报通告、常用报表、松辽报表。可以通过这几部分报表查找不同地区与流域的样品测量结果。评价标准为《地表水环境质量标准》（GB 3838—2002），评价等级为Ⅲ类，得出了流域内不同断面相应的数值。

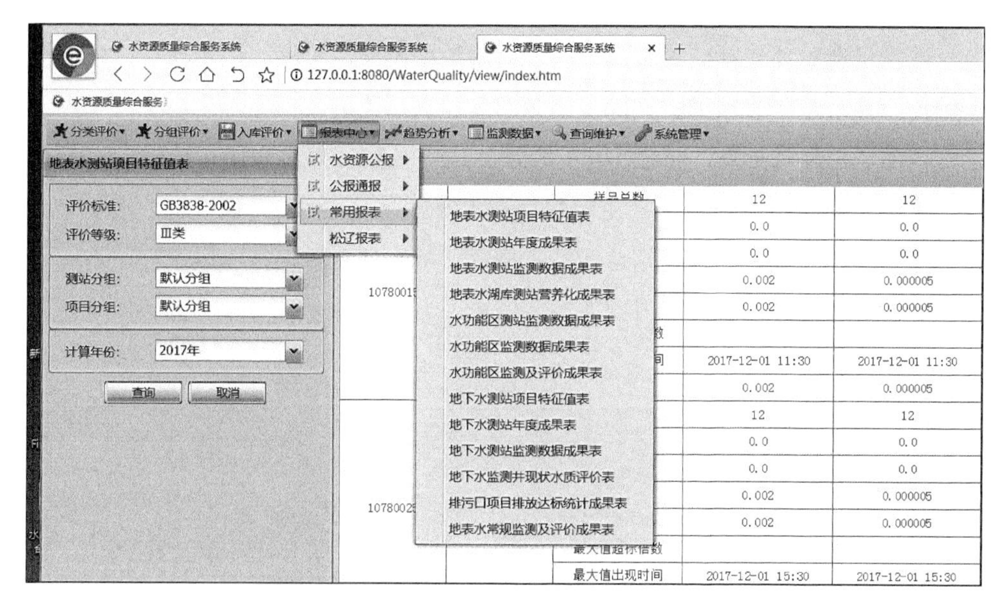

图 11-3　系统报表中心

该软件还包含趋势分析的功能，主要由 Mann-Kendall 趋势分析、地表水站点水质曲线、地下水站点水质曲线及水质模型组成（图 11-4）。这一功能可以直观地观察到检测频次、水域类型、评价河长等指标，可以有目的地进行数据对比分析。

		测站等级	交界流向	是否水源地	全年Z值	全年趋势	汛期Z值
		国家级(重点)	左右岸	否	1.58	显著上升	0.5
		国家级(重点)	左右岸	否	0.67	无趋势	0.5
		国家级(重点)	上下游	否	0.0	无趋势	0.5
10981000	松林	国家级(重点)	上下游	否	0.95	无趋势	0.5
10981001	肖家船口	国家级(重点)	上下游	否	0.0	无趋势	0.5
10981002	向阳	国家级(重点)	左右岸	否	0.32	无趋势	0.5
10981003	振兴	国家级(重点)	左右岸	否	0.32	无趋势	0.5
10981004	板子房	国家级(重点)	左右岸	否	-0.32	无趋势	0.5
10981005	牤牛河大桥	国家级(重点)	左右岸	否	0.0	无趋势	0.0
10981006	和平桥	国家级(重点)	上下游	否	2.21	显著上升	1.5
10981007	牛头山大桥	国家级(重点)	上下游	否	0.32	无趋势	0.5
11090015	蔡家沟	国家级(重点)	左右岸	否	0.32	无趋势	0.5
11100040	牡丹江1号桥	国家级(重点)	上下游	否	0.32	无趋势	0.5
11181000	同江	国家级(重点)	上下游	否	-1.06	无趋势	-0.5
11181002	龙家亮子	国家级(重点)	上下游	否	0.95	无趋势	1.5
11280045	萨马街	国家级(重点)	左右岸	否	2.0	显著上升	1.15
11280050	古城子	国家级(重点)	左右岸	否	1.58	显著上升	0.5
11281000	尼尔基大桥	国家级(重点)	左右岸	否	0.95	无趋势	0.5
11281001	拉哈	国家级(重点)	上下游	否	2.85	显著上升	1.5
11281002	柳家屯	国家级(重点)	上下游	否	0.32	无趋势	0.5

图 11-4　松花江流域省界缓冲区水质趋势分析图

数据呈现主要包括监测数据录入、监测数据校核、校核的检测项目、监测数据维护、异常监测数据维护、同步监测数据和测站监测数据导入模块。可以对不同水域的数据进行处理，将数据进行归类录入方便进行对比和保存数据。

维护功能如图 11-5 所示，主要包括基本信息查询、评价结果查询、基本信息维护、评价结果维护、地表水监测数据概况、基本信息导入，可以进行对水域、水系、河流进行分类查询想得到的相应信息。

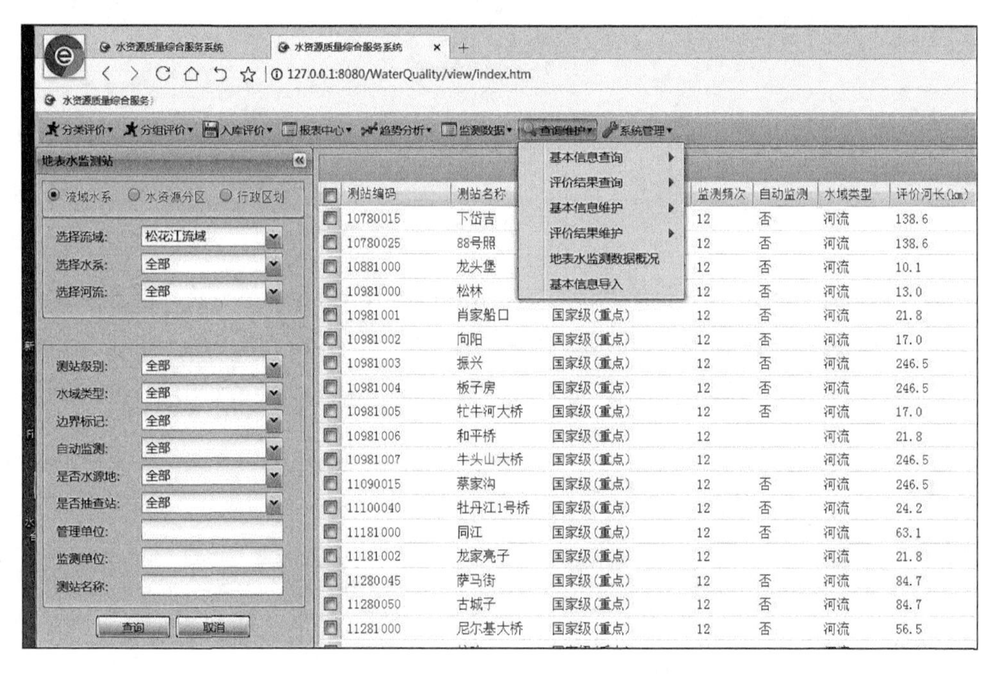

图 11-5　维护功能图

系统管理主要包括 11 个选项：评价项目配置、评价标准配置、评价对象分组、系统初始化设置、监测项目管理、系统参数设置、信息发布、系统日志、用户管理、关于本软件和退出选项。这一操作栏主要是对系统的使用进行操作，对评价体系进行调控，以及对系统参数和用户管理进行更改和选择，能够更好地为整个系统进行服务。

11.3 系 统 管 理

11.3.1 用户管理

用户管理主要是指对使用本系统的用户进行管理，在该功能中，可以添加用户、修改用户、删除用户和查找用户。

用户管理界面如图11-6，单击添加按钮，打开用户编辑对话框窗口，输入新用户名、密码、真实姓名并选择所属部门后，鼠标选择并拖动右边的角色到左边的所属角色列表中，即完成用户的角色分配。在用户管理列表中选中用户后，单击修改按钮，打开用户编辑窗口，同时对角色进行重新分配，具体操作参考上面的描述；在用户管理列表中选中用户，单击删除按钮，即完成用户的删除。

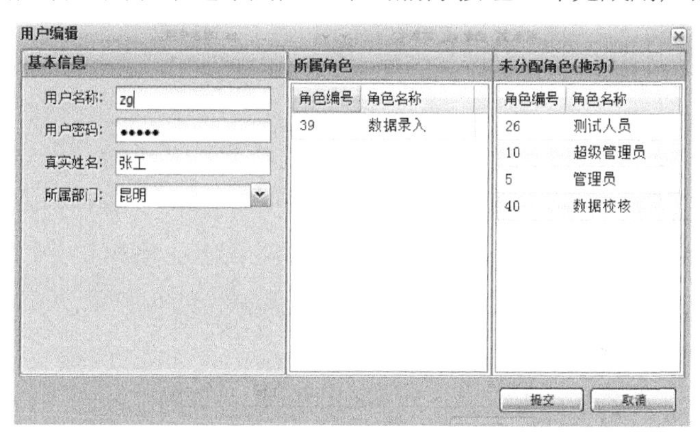

图11-6 用户管理界面

11.3.2 角色管理

角色管理是对角色拥有的功能权限进行管理，可以添加、修改、删除角色，单击添加按钮，打开角色编辑对话框（图11-7），填写角色名称后，在树形列表中勾选该角色拥有的功能权限，单击提交按钮即完成角色的新增；在角色管理界面的列表中选中一个角色，单击修改按钮，打开角色编辑对话框（图11-8），在树形列表中修改该角色拥有的功能权限，单击提交按钮完成角色的修改；在角色管理界面的列表中选中一个角色后，单击删除按钮，即可完成角色的删除。

图 11-7　角色管理

图 11-8　角色编辑

11.3.3　数据录入

1. 基本信息录入

基本信息是指评价对象的基本信息，基本评价对象有地表水监测站、地下水监测站、大气降水监测站、排污口监测站、水功能区、湖库、水资源分区、行政区划、水功能区与监测站关系。基本信息的录入分为两种方式，一种是导入 Excel 表格，一种是手动添加基本信息。

2. 导入 Excel 表格

基本信息有 9 张表需要导入，选择数据类别后系统将打开该文件，文件内容显示在可编辑列表区中，初步验证主要是验证测站编码，验证下一页是验证字段是否符合要求。如果需要修改数据，可以在可编辑列表区中点击单元格，进行修改，在完成以上操作后，点击提交按钮，即可批量导入数据。清空缓存是指清空右侧列表区域。在工具栏中，点击下载 Excel 模板文件，即可下载特定的模板文件，清空缓存和删除所选是对列表中的记录进行维护操作。

3. 手动添加基本信息

打开添加地表水监测站新增窗口，用户需要填写新增监测站的基本信息，在完整填写监测站基本信息后，点击提交按钮，即可以完成新增监测站，如果用户没有填写完整的信息，系统将给出提示，带红色边框的输入框是监测站必填信息。在输入监测站所属的水功能区编码时，用户可以点击输入框旁边的小箭头，打开水功能区的查询窗口，用户可以通过查询水功能区来选择水功能区编码，在查询出来的结果列表中，勾选水功能列表前的勾选框，单击确定按钮，水功能区编码会自动填写到监测站的水功能区编码输入框中。

11.3.4　监测信息录入

监测数据有标准监测数据、排污口监测数据和底泥监测数据。基本信息的录入分为两种方式，一种是导入 Excel 表格，一种是添加水质监测数据。

鼠标点击添加水质监测数据，选择数据监测年月。编辑录入测站，通过查询后，结果显示在中间页面，鼠标勾选需要测站，再点击配置所选，就会自动进入右侧的配置对象列表，通过上下移动来调整测站顺序。

编辑录入项目，在右侧页面选出需要录入的项目双击或拖动在左侧页面，通过上下移调整顺序。或者在项目名称查询框输入中文项目名称或英文项目编号，快速查询到该项目。支持英文模糊查询，如输入字母 A，按回车键，则项目编号中包含 A 的项目都会被搜索出来。

11.3.5　数据校核

对手动添加的水质监测数据进行校核。首先选择数据监测年月，然后编辑校核项目。在右侧页面选出需要审核的项目拖动到左侧页面。对未校核的数据可校核选中数据或所有数据，校核成功后可在已校核页面查询。

11.3.6　数据查询与维护

数据查询主要是对基本信息和评价结果的查询，查询结果可导出 Excel 表格。评价结果必须先入库评价才可以查询。其中水功能区还可以导出测站关系数据。数据维护主要指增加、删除和修改系统使用的数据，包括评价对象基本信息、评价结果和数据整编。

以水功能区为例，在查询列表中勾选要修改的测站，点击右上角的修改所选按钮，弹出该测站的基本信息框，对除功能区编码外的所有信息可以进行修改。

同时可修改水功能区与测站的对应关系。

评价结果维护主要是对入库评价的结果进行维护，对不再使用的评价结果数据进行删除操作。可以对入库评价中的地表水水质评价结果、水源地指数评价结果、水功能区达标评价结果、湖库营养化评价结果、地下水单项分组评价结果和地下水综合评价结果进行删除。

数据整编包括数据导入、修改入库错误、监测数据维护、监测数据维护日志、排污口监测数据（图 11-9）。

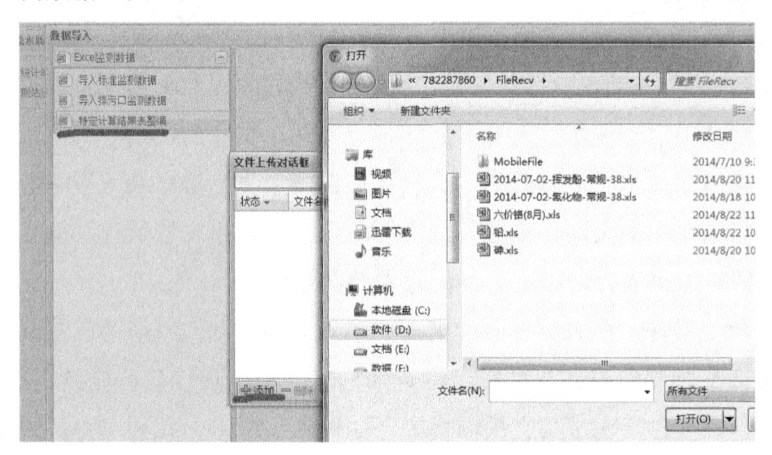

图 11-9　数据整编

新加了“特定计算结果表整编”这项导入功能，可以将特定的计算表导入，然后生成系统可以识别的 Excel 表格，客户可以下载然后校对，最后按“导入标准监测数据”导入监测数据。在左侧查询框输入查询条件，右侧显示查询结果，勾选后点击修改按钮（或直接双击），在弹出的对话框里对数据信息进行编辑后提交。

11.4　分 类 评 价

分类评价是系统的核心功能，主要完成各种水质的评价、计算和统计。评价之前需要对项目进行配置，同时还要进行汛期时段设置。评价项目配置是指配置参与评价或计算的监测项目，监测项目一般是按照某种评价标准来确定的，用户可以指定参与评价或计算项目。对地表水监测站水质评价、地表水监测站指数评价、水功能区水质达标评价和湖库水质评价中参与评价的监测项目进行配置。

地表水环境质量评价项目配置界面如图 11-10 所示，在窗口的左边显示的是评价标准的项目列表，右边显示的是监测项目列表，监测项目一般是标准项目的子集，用户可以通过项目查看按钮来比较，系统默认标准为《地表水环境质量标准》（GB 3838—2002）。

图 11-10　地表水环境质量评价项目配置界面

监测项目列表中只有在参与评价复选框中选中的项目，才真正参与到水质评价中的项目。选中监测项目列表中的项目，点击删除所选按钮，即可删除监测项目列表中的项目。如果有多个评价标准，在列表框中选择其他标准后，点击确定按钮即可切换到其他标准相对应的监测项目。

11.4.1　地表水水质评价

地表水水质评价是对监测站对象进行评价，功能区由三部分组成，分别是评价参数、监测站筛选条件和评价时间，结果区由评价结果、区域统计和水质报告组成。评价时间是指读取哪个时段的监测数据进行评价，评价时间包括两种时间选择模式，分别是单时间段和时间序列模式。系统提供了多种时间步长方式，用户可以任意选择其中一种步长。

单时间段模式是按指定步长、指定的时间进行一次评价，得到该步长的一次评价结果。如果设置的是单时间段评价，则在结果显示区输出评价结果列表、区域统计列表和水质报告，可以点击标签按钮进行切换显示。

时间序列模式是按指定步长，从开始时间到结束时间进行多次评价，得到该步长的多次评价结果。如果设置的是按时间序列评价，则结果显示区只输出评价结果列表。

评价结果页面双击某个测站的数据，会弹出该测站参与评价的项目具体信息。区域统计也就是区域水质评价，统计的结果是对各种类别的水质所占比重的统计。区域统计是按照四种口径统计，分别是按监测站（断面）的个数、评价河长、评价面积和评价库容。在列表中显示的是按断面个数方式进行的统计，子表中是按评价河长、评价面积和评价库容的统计。统计结果还包括按断面个数统计的环比和同比的比较结果。

水质报告是指系统根据评价结果和统计结果，按地表水水质报告模板自动生成的文档。地表水水质报告也是按照用户选择的区域方式进行生成，用户选择流域水系查询监测站，则生成流域水系水质报告；用户选择水资源分区查询监测站，则生成水资源分区水质报告；用户选择行政区划查询监测站，则生成行政区划水质报告。

11.4.2 水功能区达标评价

单次达标评价的结果可以直接评价得出，年度或水期达标评价（统计）是基于单次达标评（月、旬）结果实时统计得出的。左侧的筛选条件多了一个水功能区等级，可选择对应的等级进行查询。

11.5 分组评价

分组评价是为用户提供一个自由灵活编辑测站和项目的评价方式，满足个性化的需求，方便区域统计，比如只需要某一类测站某些项目的评价结果。

首先在系统管理中，评价对象分组里配置好测站分组。再设置好评价项目分组，这里可添加、修改和删除项目分组。添加和修改项目分组时，可在未分配项目中通过项目名称快速查找到该项目后，拖动到已分配项目中完成配置。从左侧的测站分组和项目分组查询框里选取需要的分组，其他操作方式可参照分类评价。

分组评价有区域统计，没有水质报告。右上角可导出和发布项目结果（测站水质项目结果表即测站参与评价的各项目监测值，如果项目分组里有营养化监测项目，则还包含测站营养化结果表）。

11.6 报表中心

报表中心有两种报表，一种是国家固定格式的公报通报，另一种是常用报表。

1. 公报通报

全年、汛期和非汛期三次评价结果都要入库才能查询正确报表。公报通报的所有报表都是实时计算，通报可以输出统计信息。以河流水质状况表为例，在左侧查询框选择系统查询条件，右侧显示报表结果，可将该结果导出或发布。

编辑测站分组，可进行添加、修改、删除或另存为操作。分组类型分为公用和自定义，公用是程序后台设置的，修改时不能更改分组名称，其他操作和自定义一样。另存为实际上是简化操作：表示当前测站分组换个名称后，增加或删除几个测站再提交，主要用于新创建分组测站较多且与现有分组测站重复率高的情况。

点击添加测站分组，通过查询后，结果显示在中间页面，鼠标勾选需要测站，再点击配置所选，就会自动进入右侧的配置对象列表，通过上下移动来调整测站顺序。勾选分组编号，可对该组测站进行修改或删除该组操作。

2. 常用报表

常用报表中的地表水测站项目特征值、年度成果表、地表水测站监测数据成果表。

水质地图是利用 WebGIS（Web 地理信息系统）的方式，将水质评价结果进行一种可视化的展现，让用户更直观、更形象地看到水质评价结果。通过 IE 浏览器进入系统主界面后，在右边登录窗口上方，是水质地图系统的快速进入窗口。点击进入水质地图系统界面。

11.7 本 章 小 结

本章主要介绍松花江流域省界缓冲区水质综合评价系统，通过对该系统的主要内容的介绍，了解水质评价系统的运行条件，说明系统操作步骤，详细介绍系统运行与管理，明确了系统中的分类评价、分组评价、入库评价、报表中心、趋势分析、系统管理 6 个模块，重点分析水质评价功能模块、报表生成模块，使得相关工作人员更加清楚地了解到流域省界缓冲区的水质情况。本章通过松花江流域省界缓冲区水质趋势分析，更加清晰地对录入数据进行对比，为开展松花江流域省界缓冲区水质信息化评价与预测提供有效支撑。

第 12 章　人工智能技术的应用

近年来，人工智能（artificial intelligence，AI）技术在流域水环境管理方面得到了广泛应用。由于流域水环境的因素之间有着复杂的非线性关系，与传统的数理统计方法相比，人工智能技术能够对复杂模式、非线性过程进行建模，用于模式匹配、优化、数据压缩、预测等工作具有明显的优势。我国流域水环境管理存在数据信息不对称，诸如水质、水文、气象等因素的变化因素不定等问题，在流域水功能区（如省界缓冲区）监管、水质监测与评价方面等具有广泛的应用前景。

12.1　人工智能在流域水环境管理方面的研究进展

传统的流域水环境管理把解决具体问题的重点放在算法程序上，在模型解释中缺乏信息传递，导致使用过程中有明显的应用限制。AI 集成方法将增加决策工具对用户的价值，加快流域水环境规划管理。从采用 AI 技术在流域水环境管理方面的论文发表情况来看，美国发表数量占比 25%，处于领先水平，英国、法国、德国发表数量总和占 21%，韩国占 17.90%（图 12-1）。

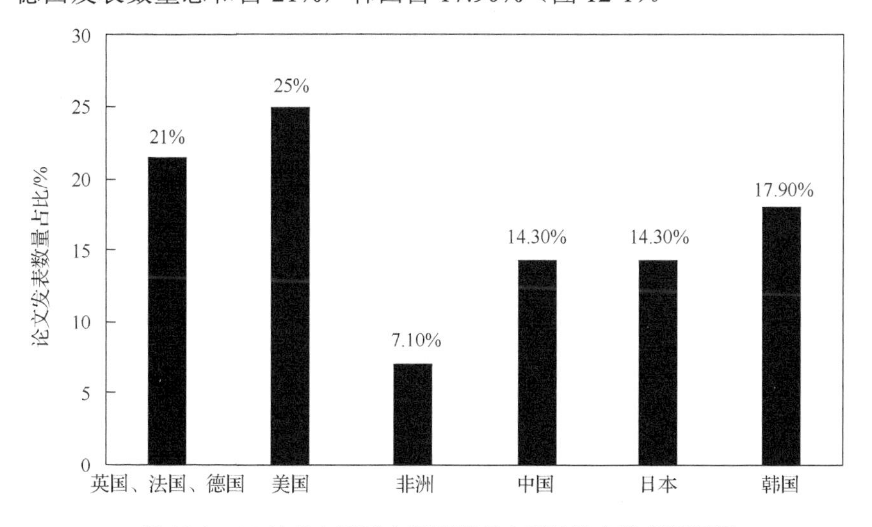

图 12-1　AI 技术在流域水环境管理方面的论文发表情况图

12.2　流域水环境智能管理模型及应用

AI 技术的进步使这些智能管理系统的开发成为可能，这些系统通过在 MATLAB、C++、Python 等已建立的开发平台来实现。AI 技术通过融合描述性知识、程序性知识和推理知识，在解决问题的过程中模拟人类在具体领域的专业知识。AI 技术的分类包括基于知识的系统（knowledge base system，KBS）、遗传算法（genetic algorithm，GA）、人工神经网络（artificial neural network，ANN）、自适应神经模糊推理系统（adaptive network based fuzzy inference system，ANFIS）、深度学习（deep learning，DL）、虚拟现实（virtual reality，VR）和增强现实（augment reality，AR）技术。这些技术可以在不同方面对整合模型进行改进，并且优势互补。

12.2.1　基于知识的系统

KBS 是交互式计算机程序，通过提供专家建议回答问题并证明其结论。KBS 主要有河流水动力综合专家系统、基于流域规划和管理制定的决策支持系统、通过智能系统将环境模型应用于不同的水文系统等。对于二维或三维建模，将 KBS 技术引入到建模系统中，使系统能够为参数和模型选择提供建议，系统会将一些代码嵌入，使模型具有“使用向导”的智能特征。

12.2.2　遗传算法

作为基于自然遗传学和生物启发操作机制的搜索技术，GA 属于随机搜索过程的一类，称为进化算法。GA 可以用作优化方法，它使用自然进化过程的计算模型，并结合使用自然界获取的随机遗传算子进行结构化信息交换，构成一个有效的搜索机制。GA 不受搜索空间假设的限制，在遗传算法中已经使用的各种遗传算子，包括交叉、缺失、显性、染色体内重复、倒位迁移、突变、选择、隔离、共享和易位。在水质管理的数学模拟中，模型参数的不当使用可能导致较大误差或数值不稳定，例如峰值、峰值时间、流量和水质成分。参数校准是基于现场数据以及其他年份的水质成分来验证这些参数。此外，可以将 GA 应用于具有透明知识表示的模型的演变，有助于理解模型预测和模型行为，如河流水质模型的标定、模拟流量和水质过程的关键特征、优化流域中的污水处理。

12.2.3 人工神经网络

ANN是一种模拟人类大脑和神经系统的数学结构的计算方法。由许多变量连接的处理元素组成，使用高度简化模型，形成系统的黑盒子。其中包括三层相互连接的节点或神经元，每一层连接到下一层中的所有神经元。输入层是将数据呈现给神经网络的层，而输出层保持网络对输入的响应。隐藏层的一个或多个中间层可以存在于输入层和输出层之间，以便使这些网络能够表示和计算模式之间的复杂关联。所有隐藏和输出神经元通过将每个输入与其权重相乘来处理它们的输入以及进行求和，然后使用非线性传递函数处理并生成结果（图12-2）。

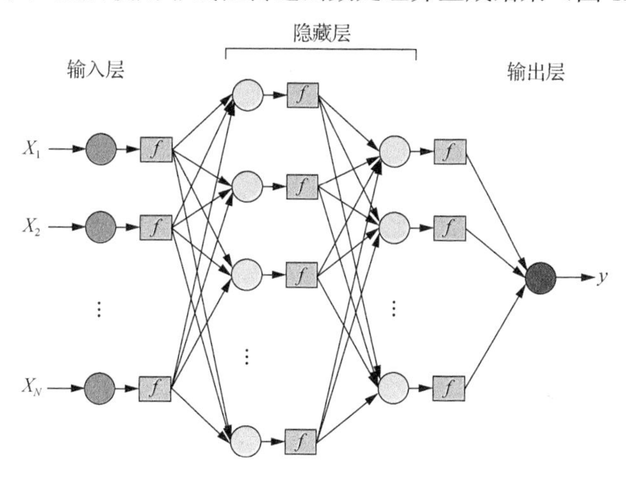

图12-2　三层前馈感知器ANN的结构

ANN已经被广泛应用于流域水环境管理。人工神经网络的最大优势在于它能够模拟复杂的非线性过程，调整互连的权重，而无须假设输入和输出变量之间关系。人工神经网络是经验模型，它可以用来模拟水质变化过程，通过数学函数连接输入和输出。

12.2.4 自适应模糊推理系统

根据模糊集合理论，模糊集合的元素被映射到属于从0到1的闭区间函数全体隶属值。应用模糊方法的一个重要步骤是评估隶属函数的一个变量，根据实际的统计调查来获得模糊集理论中的隶属函数，这些函数适合决策者的偏好建模。

基于模糊逻辑的建模运行于“if-then”原则，其中“if”是具有隶属函数的模糊集合形式的模糊解释变量或前提的向量，“then”是结果也以模糊集的形式出现。

模糊集合理论在流域水环境管理方面有很好的应用效果，该理论可以提供一种替代方法来处理目标和约束条件未明确定义的问题。在现实应用方面，我们可以使用模糊综合评估方法来识别河流水质；采用数据挖掘技术和启发式知识对太湖富营养化模糊逻辑进行建模；利用两种模糊集合论应用于河流水质评价；根据简单水质参数（如 DO、pH 和温度等）的每日波动设计水污染预警系统。

12.2.5 深度学习

DL 通过组合低层特征形成更加抽象的高层表示属性类别或特征，以发现数据的分布式特征表示。DL 是机器学习研究中一个新的领域，其动机在于建立、模拟人脑进行分析学习，模仿人脑的机制来解释数据。

1. 卷积神经网络

在开展水生态环境保护规划之前，应先对相关参数进行长期变化分析，以此开展地表水或地下水资源保护规划。为了设计一个有效的水环境生态的预测模型，我们需要利用数据的时间序列。在足够长的时间内分析数据会为将来的水质提供更多信息。卷积神经网络可以通过设置水流量和水位预测阈值来制定决策支持系统，以便为流域水情异常情况而应急预警，更好地进行水生态环境保护。

2. TensorFlow

TensorFlow 是谷歌已经开发并部署了使用数据的流程图的开源库，可以进行数值计算。在默认情况下，TensorFlow 经过计算，数据输入输出，并且执行任务作为数据的存储，所述边缘表示节点数据之间的输出关系和动态大小的多维数据阵列的移动路径。TensorFlow 可以大大提升数据操作、CPU 的利用率，此外也支持各种编程语言，如 C++和 Python。TensorFlow 可以构建基于大数据的水文时间序列预测模型，并且非常容易扩展，可以加入到各种 DL 算法中。由于研究和学习数据的不确定性，需要对误差传播以提高模型的准确性并减少计算时间。

3. 长短期记忆网络模型

长短期记忆网络（long short-term memory，LSTM）模型由具有多个门的单元组成，分为三种类型——遗忘、输入和输出，以保护和控制单元状态。LSTM 可以防止一般循环神经网络（recurrent neural network，RNN）的消失梯度问题，这对于时间序列数据预测是有利的。通过 DL 的开源库中建立 LSTM 人工神经网络模型，可以进一步利用 DL 算法预测河流水位。利用上游水位数据和相对简单结构的水位预测系统来建立神经网络模型，可以预测下游水生态环境。对于高度非线性水生态环境预测中的变化状况，可以将所有影响因子数据作为输入数据，构建可以满足现有的水生态环境的数学模型。数据输入模型进行学习和预测，执行重复估计，比较分析预测的结果和学习模型的结果。使用多重回归模型中最佳权重的观测水平——LSTM 模型，通过反映水生态环境信息进行学习来执行水生态环境预测，具有出色的稳定性。

12.2.6 虚拟现实和增强现实技术

人工智能技术应用在流域生态管理可视化的应用中主要是 VR 和 AR 技术。VR 可使用户沉浸在由计算机模拟的不可见或不存在的对象；AR 是采用计算机处理图像，通过真实环境与计算机生成虚拟图像的组合，生成混合图像，显示可见细节，实时增强人们对场景的感知。与 VR 相比较，AR 的优势在于：AR 可以让用户在虚拟对象可视化的同时显示真实世界，把虚拟世界与现实世界有效地结合起来。

采用虚拟现实技术进行流域预警可视化研究，构建模拟真实场景三维可视化模型与水质预警数据库，并将可视化模块与预警模块结合起来直观准确地反映实时水体的水质状况；把虚拟现实技术应用到流域水质预警系统的构建中，可以实现水质预警的可视化。该方法可实现水质信息的实时交互，为工程管理提供决策支持，为流域水质监测与预警提供更直观、有效的途径。

AR 在流域中的应用，通过增强可见的细节、显示不可见的内容，可以增加非专业人员对相关复杂过程的理解，将真实的水情得到动态视频跟踪、强化数据实时交互、调查信息精准可信。这种人工智能技术有助于防洪、水环境监测等工作的顺利进行，及时应对突发性水污染事件，降低水资源监管的运行成本。以 AR 技术构建松辽流域省界缓冲区水环境管理平台为例，可以准确地进行追踪分析，简化水环境生态管理流程。由此可见，AR 技术的广泛应用将有效预防水环境突发性污染事件、减少洪涝灾害的损失、大幅提升水环境智能管理能力，为进一步提升数字水环境管理提供了技术支撑。

12.3　增强现实在水环境领域应用情况

12.3.1　增强现实在水利行业上的国内外研究进展

从各国研究情况来看（图 12-3），德国、奥地利、英国、芬兰、意大利在 AR 水资源管理方面论文发表数量占比 60%，处于领先水平；巴西占 20%；美国、中国各占 10%。AR 在国外水资源管理方面已有很大进展。我国在水环境管理方面仍存在很多不足，其中水环境监测与评价方面的缺陷尤其突出，流域水环境增强现实的研究成果很少。如今，VR 已广泛应用于水利工程领域中（例如：用于对地下水中污染物迁移和扩散进行交互建模、在洪水淹没模拟进行分析应用、在水资源调配虚拟视景仿真的研究、水环境质量可视化分析与评价研究等），而 AR 技术在水质监测方面还没有被有效利用。

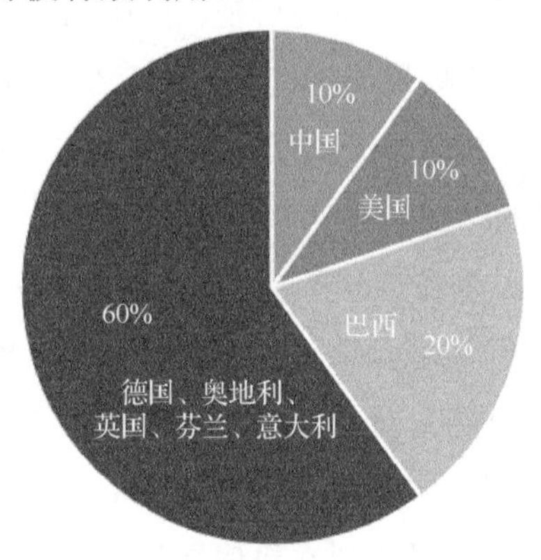

图 12-3　AR 在水资源管理中论文发表数量占比

AR 具有丰富的感官，通过计算机的二进制计算，能够掌握实时信息的现实世界的知识，将移动设备拍摄的真实世界视图与数据合并。近年来，随着 AR 技术的不断完善，可以有效地弥补现有水质评估的缺陷。

12.3.2　增强现实在水资源管理方面的关键性技术

1. AR技术在水库管理中的应用

目前，可视化的信息系统基于电脑软件来实现的，如通过使用地理信息系统（geographic information system，GIS），电脑端可显示可视化的空间信息，但实地调查期间的资料仍然需要使用地图和报告等传统资料。因此设计一个移动端的可视化水质监测系统，将AR技术与全球定位系统（global positioning system，GPS）结合，通过在移动端显示实时三维场景，实现移动设备虚实结合、实时交互，为水资源管理提供帮助。

基于AR的互联网生态系统采用PC端、移动端和云端三端交互式设计，利用基于GPS、GIS的AR引擎，实现移动设备（如手机、平板）图像可视化。通过监测数据的采集、存储、管理与共享方式，迅速建立手持移动设备的水质信息平台。设备使用标准数据层，利用云端已有的云图库，可以显示水体中的沉积物等正常情况下看不到的场景，增强对现实世界的感知。通过数字信息层，构建的可视化平台可与水质数据库相结合，研究者可实时掌握水质信息，将移动设备拍摄的真实世界视图与水质数据进行合并，迅速地分发图形、图像和音像等，实现信息资源共享最大化。由表12-1可知，AR主要采用的技术主要有图像映射技术、多模态融合技术、场景细分层技术、智能交互技术等。

表12-1　流域AR主要采用的关键技术

关键技术	案例简介
图像映射技术	通过图像映射技术，可加强图像信息的现实结果。其中的地理信息、高精度三维影像可转化为三维坐标由图像分配自动导出，通过图像坐标及空间切除技术改善GPS + INS关联的外部参数
多模态融合技术	突破视觉算法的界限，科学直观地显示流域内各种运动状态，如对水流状态的增强显示。同时，非视觉的信息可以起到重要的补充作用。在相机快速运动的情况下，图像由于剧烈模糊而丧失精准性，但此时的传感器给出的信息还是比较可靠的，可以用来帮助视觉跟踪算法渡过难关
场景细分层技术	在生成现实场景时，如果将场景中的所有模型都经精细地渲染和处理，则系统的计算量极大而难以演示。经过各个场景模型的细分，可将计算量大大降低，从而使模型进行有效分配，提高场景显示效率
智能交互技术	从视觉及其他感官信息来实时理解人类的交互意图成为AR系统中的重要一环。计算机从图像（或者深度）数据中得到精确姿势数据，精确地计算数学模型及三维坐标，提供超现实化场景

如图 12-4 可知，增强现实系统需要把各种场景进行多层次全方位的展示。目前，创建大型环境三维模型需要采用自动、半自动或手动技术，其中包括卫星图像的三维重建、激光测距仪的三维成像和程序建模技术，场景使用标准地理标记语言（geographic markup language，GML）及其衍生物（如 CityGML，专门用于三维可视化城市模型设计）从地理空间数据库导出的数据生成模型，生成地下基础设施网络的精确模型。

图 12-4　松花江流域省界缓冲区水质信息 AR 平台（见书后彩图）

AR 平台对松花江流域省界缓冲区水质信息通过可视化的方式来展现，使用户可以在所在的河流快速流动的情况下访问相关的水质信息特征（如溶解氧、高锰酸盐指数、总氮、总磷），增强了水质实时监测的数据可视化，提高了实地调查的能力，有效地减少水质监控时间和运行成本，提高了水环境管理水平，为进一步提升流域智能管理提供了数据基础和技术支撑。

2. AR 技术在防洪方面的应用

AR 结合现代传感器和计算机视觉技术，使用户能够实时远程观测水位。AR 洪水灾害控制的系统开发通过连接许多不同的系统组件构成。一方面，洪水水位的信息需要通过计算机读取；另一方面，真实物体通过三维虚拟世界的几何信息在可视场景中显示形状和位置，使虚拟水位能够投影到现实世界中。增强现实是二维和三维可视化场景的附加工具（如在现实世界中显示虚拟水位），通过使用电子地图材料和 GIS，生成特定区域的现实洪水场景，补充传统方法获得的信息，降低调查风险。在洪水事件期间，通过 AR 与数值模型和成像模型的快速交互，救援人员可在紧急阶段获取实时持续的增强信息情景，帮助技术人员和非技术人员在关键区域内快速移动，加快管理者决策过程，降低灾害引发的潜在危险。

12.3.3　基于 GIS 的增强现实监测系统

2017 年，图像识别技术已大范围普及，在水质检测利用方面，基于 GIS 的 AR 引擎的移动设备可以对恶劣的环境做出合理反应，帮助水质检测者查询信息（图 12-5）。从技术角度来看，系统的架构由数据共享的云服务组成，使用标准数据层以及 GPS 的 AR 引擎的移动设备来实现的数据可视化。它能在用户不断走动时，使设备内部的所有传感器同时合作，以相机的视角来观察周围的环境，将计算机生成的图像信息可视化为现实世界的一部分。在移动端显示数据时，检测者能够进行交互、更新、上传。在调查特定区域时分享或修改数据，管理者可以实时快速、动态地访问该区域的地理特征，评论和其他内容的相关信息，使相关的水质数据获得全面有效的检测和分析。

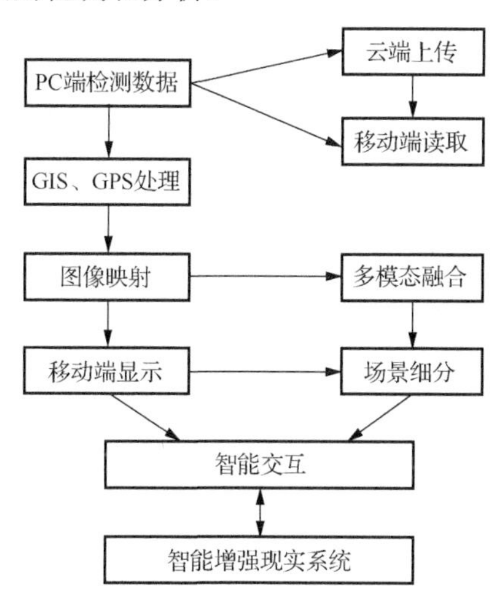

图 12-5　AR 水库智能增强现实系统

此外，基于 GIS 交互式视觉技术实现通信和数据交换（如图像、表格、数据）的功能，可以使用户更好地了解全球的情况。这种尖端技术在很大程度上有助于对大片地区环境进行有效监测，因此鼓励水质管理人员采取这种更有效的监测和管理方法。

AR 作为一种新兴的技术，可以实现在移动设备的可视化，但目前 AR 水质检测还没有应用于穿戴式设备上（如头戴式设备的谷歌 AR 眼镜）。AR 通过将 GIS 环境建模、云端服务与相关 AR 技术相结合，将三维图形实时叠加到的真实视图中进行三维化平台显示，扩展人们对水环境的感知，达到 AR 内容与现实世界的实时交互。使用者能够获得更可靠的调查信息，克服了传统技术的信息量小、交互体验弱、物联交互功能少等局限性，改善了水资源使用政策的不足，预防了潜在的水污染事件和洪水灾害等问题。

为进一步挖掘增强现实的潜力，我们发现 AR 不仅可以应用到水利的三维可视化，而且还可以显示多维度的水资源平台（图 12-6）。如果在类似的多维可视化平台嵌入 AR 水利可视化信息，就可以准确地进行追踪分析，简化的水质检测流程。随着硬件技术的不断发展，AR 技术平台可以降低运营成本，优化现有工作流程，使水质增强现实系统超越人类现有的感知世界，为探索未来水利发展提供重要技术支撑。

图 12-6　松花江流域省界缓冲区微生物监测信息 AR 平台

12.4　本 章 小 结

AI 技术应用在松花江流域省界缓冲区水环境管理，主要有基于知识的系统、遗传算法、人工神经网络、自适应神经模糊推理系统、深度学习、增强现实、虚拟现实等方面。这些技术可以在不同方面对结果演示形成互补优势。随着 AI 技术的不断发展，在评估流域水质状况和识别污染源的复杂数据方面具有更好的效用。目前研究者正在应用人工智能关键技术，如深度学习在未来的应用范围更广，利用近年已知水质数据可以预测未来几年的流域水质数据；随着神经网络技术的逐步成熟，机器自学习的准确率将会大幅度提升；利用 AR 及 VR 系统的交互性可以及时展示流域环境信息，从而实现信息交互，有利于多方面、多角度分析流域环境信息。这些 AI 技术可以应用于重大突发性水污染事件应急预警，满足流域管理的需求，为流域水环境管理提供决策支持。

参 考 文 献

鲍林林, 陈永娟, 王晓燕, 2015. 北运河沉积物中氨氧化微生物的群落特征[J]. 中国环境科学, 35(1): 179-189.

卞少伟, 于洪贤, 马成学, 等, 2014. 嫩江下游浮游植物群落结构及其影响因子[J]. 江西科学, 32(5): 630-635.

蔡文, 1994. 物元模型及其应用[M]. 北京: 科学出版社.

高成康, 尚金城, 2004. 长春市水污染控制指标的因子和聚类分析[J]. 水资源保护(6): 28-34.

高新波, 2004. 模糊聚类分析及其应用[M]. 西安: 电子科技大学出版社.

关博文, 王英伟, 郑国臣, 2016. 基于因子分析的嫩江重要省界缓冲区水质评价研究[J]. 环境科学与管理, 41(10): 172-175.

国家环境保护总局《水和废水监测分析方法》编委会，2002. 水和废水监测分析方法[M]. 4 版. 北京: 中国环境科学出版社.

韩力群, 2017. 人工神经网络理论及应用[M]. 北京: 机械工业出版社.

何敏, 张建强, 2013. 基于物元分析法的河流水环境质量评价[J]. 环境科学与管理, 38(3): 172-175.

胡鸿钧, 魏印心, 2006. 中国淡水藻类——系统分类及生态[M]. 北京：科学出版社.

黄备, 孟伟杰, 罗韩燕, 等, 2018. 椒江化工园区附近潮间带沉积物中微生物群落结构及其对环境因子的响应[J]. 湿地科学, 16(2): 144-151.

黄钰, 2007. 硝基苯污染对松花江浮游生物影响的研究[D]. 长春: 东北师范大学.

胡杰, 何晓红, 李大平, 等, 2007. 鞘氨醇单胞菌研究进展[J]. 应用与环境生物学报(3): 431-437.

李晓钰, 于洪贤, 马成学, 2013. 松花江哈尔滨段浮游植物群落典范对应分析及多样性分析[J]. 东北林业大学学报(10): 103-107.

李喆, 霍堂斌, 唐富江, 等, 2014. 松花江哈尔滨段冰下浮游生物群落结构与环境因子的相关分析[J]. 水产学杂志(6): 44-50.

刘强, 冯倩, 2016. AR/VR 与 GIS 在沿海城市灾害管理中的集成研究及应用[J]. 海洋地质前沿(2): 59-63.

罗伟, 李文红, 庞洋洋, 等, 2016. 淡水鱼塘水体污染的主成分分析[J]. 水产科学, 35(2): 136-141.

屈建航, 李宝珍, 袁红莉, 2007. 沉积物中微生物资源的研究方法及其进展[J]. 生态学报, 27(6): 2636-2641.

宋洪军, 李瑞香, 王宗灵, 等, 2007. 桑沟湾浮游植物多样性年际变化[J]. 海洋科学进展, 25(3): 332-339.

孙军, 刘东艳, 2004. 多样性指数在海洋浮游植物研究中的应用[J]. 海洋学报(中文版), 26(1): 62-75.

万金保, 曾海燕, 朱邦辉, 2009. 主成分分析法在乐安河水质评价中的应用[J]. 中国给水排水, 16: 104-108.

汪星, 李利强, 郑丙辉, 等, 2016. 洞庭湖浮游藻类功能群的组成特征及其影响因素研究[J]. 中国环境科学, 36(12): 3766-3776.

魏南, 2018. 松花江哈尔滨段丰水期浮游植物多样性格局及环境相关性研究[J]. 黑龙江环境通报, 42(3): 92-97.

吴兵, 包丽艳, 刘艳君, 2016. 吉林省松花江流域水污染防治“十二五”时期建设成效及问题分析[J]. 环境与发展, 5(28): 7-10.

吴开亚, 金菊良, 王玲杰, 2008. 区域生态安全评价的 BP 神经网络方法[J]. 长江流域资源与环境, 17(2): 317-322.

严广寒, 殷雪妍, 汪星, 等, 2019. 长江三口-西洞庭湖环境因子对浮游植物群落组成的影响[J]. 中国环境科学, 39(6): 2532-2540.

杨毓鑫, 杜春艳, 钱湛, 等, 2019. 洞庭湖区南汉垸水体浮游植物群落结构特征及其影响因素[J]. 环境科学研究, 33(1): 147-154.

张金屯, 2004. 数量生态学[M]. 北京: 科学出版社.

张蕾, 2013. 东辽河流域浮游植物群落及其与水环境因子的典范对应分析[J]. 东北水利水电, 31(12): 19-20.

张莹, 石萍, 马炯, 2013. 微小杆菌 Exiguobacterium spp. 及其环境应用研究进展[J]. 应用与环境生物学报, 19(5): 898-904.

郑国臣, 官涤, 崔迪, 等, 2018. 松花江流域省界缓冲区水质监测指标优化[J]. 东北水利水电, 36(11): 55-57, 68, 72.

钟震, 2018. 松花江表层沉积物氮赋存形态及氮转化微生物群落研究[D]. 兰州: 兰州理工大学.

Aksnes D L, Wassmann P, 1993. Modeling the significance of zooplankton grazing for export production[J]. Limnology & Oceanography, 38(5): 978-985.

Bai Y, Zhang Y B, Quan X, et al., 2016. Nutrient removal performance and microbial characteristics of a full-scale IFAS-EBPR process treating municipal wastewater[J]. Water Science Technology, 73(6): 1261-1268.

Fouts D E, Szpakowski S, Purushe J, et al., 2012. Next generation sequencing to define prokaryotic and fungal diversity in the bovine rumen[J]. PLOS ONE, 7(11): e48289.

Fierer N, Bradford M A, Jackson R B, 2007. Toward an ecological classification of soil bacteria[J]. Ecology, 88(6): 1354-1364.

Hasle G R, 1978. Some thalassiosira species with one central process(Bacillariophyceae). Norwegian Journal of Botany, 25:77-110.

Hecky R E, Kilham P, 1988. Nutrient limitation of phytoplankton in freshwater and marine environments: a review of recent evidence on the effects of enrichment[J]. Limnology & Oceanography, 33(4): 796-822.

Lampitt R S, Wishner K F, Turley C M, et al., 1993. Marine snow studies in the Northeast Atlantic Ocean: distribution, composition and role as a food source for migrating plankton[J]. Marine Biology, 116(4): 689-702.

Margalef R, 1957. La teoriá de la informacion en ecologia[J]. Memories of the Royal Academy of Sciences and the Academy of Arts in Barcelona, 32(13): 373-449.

Martin J H, Fitzwater S E, 1988. Iron deficiency limits phytoplankton growth in the north-east Pacific subarctic[J]. Nature, 331(6154): 341-343.

Mirauda D, Erra U, Agatiello R, et al., 2017. Applications of mobile augmented reality to water resources management[J]. Water, 9(12): 1-13.

Naidu M T, Kumar O A, 2016. Tree diversity, stand structure, and community composition of tropical forests in Eastern Ghats of Andhra Pradesh, India[J]. Journal of Asia-Pacific Biodiversity, 9(3): 328-334.

Pielou E C, 2011. An introduction to mathematical ecology[J]. Bioscience, 24(2): 7-12.

Shannon C E, Weaver W, 1949. The Mathematical Theory of Communication[M]. Champaign: University of Illinois Press.

Toudjani A A, Celekli A, Gümüş E Y, et al., 2018. Assessment of ecological status using phytoplankton indices and multivariate analyses in the western Mediterranean Basin[J]. Fundamental & Applied Limnology, 191(2):155-167.

Varol M, 2019. Phytoplankton functional groups in a monomictic reservoir: seasonal succession, ecological preferences, and relationships with environmental variables[J]. Environmental Science and Pollution Research, 26: 20439-20453.

Wang Q, Feng C, Zhao Y, et al., 2009. Denitrification of nitrate contaminated groundwater with a fiber-based biofilm reactor[J]. Bioresource Technology, 100(7): 2223-2227.

Ye L, Shao M F, Zhang T, et al., 2011. Analysis of the bacterial community in a laboratory-scale nitrification reactor and a wastewater treatment plant by 454-pyrosequencing[J]. Water Research, 45(15): 4390-4398.

附录 A　Buttontest JAVA 代码

```
package com.demo.buttontest;

import java.util.ArrayList;

import com.baidu.location.BDLocation;
import com.baidu.location.BDLocationListener;
import com.baidu.location.LocationClient;
import com.baidu.location.LocationClientOption;
import com.baidu.mapapi.SDKInitializer;
import com.baidu.mapapi.cloud.CloudListener;
import com.baidu.mapapi.cloud.CloudManager;
import com.baidu.mapapi.cloud.CloudPoiInfo;
import com.baidu.mapapi.cloud.CloudRgcResult;
import com.baidu.mapapi.cloud.CloudSearchResult;
import com.baidu.mapapi.cloud.DetailSearchResult;
import com.baidu.mapapi.cloud.NearbySearchInfo;
import com.baidu.mapapi.map.BaiduMap;
import com.baidu.mapapi.map.BitmapDescriptor;
import com.baidu.mapapi.map.BitmapDescriptorFactory;
import com.baidu.mapapi.map.InfoWindow;
import com.baidu.mapapi.map.MapStatus;
import com.baidu.mapapi.map.MapStatusUpdate;
import com.baidu.mapapi.map.MapStatusUpdateFactory;
import com.baidu.mapapi.map.MapView;
import com.baidu.mapapi.map.Marker;
import com.baidu.mapapi.map.MarkerOptions;
import com.baidu.mapapi.map.MyLocationConfiguration;
import com.baidu.mapapi.map.MyLocationData;
import com.baidu.mapapi.map.OverlayOptions;
import com.baidu.mapapi.map.BaiduMap.OnMarkerClickListener;
import com.baidu.mapapi.map.InfoWindow.OnInfoWindowClickListener;
import com.baidu.mapapi.model.LatLng;
import com.baidu.mapapi.model.LatLngBounds;
import com.baidu.mapapi.model.LatLngBounds.Builder;
import com.baidu.mapapi.navi.BaiduMapAppNotSupportNaviException;
```

```
import com.baidu.mapapi.navi.BaiduMapNavigation;
import com.baidu.mapapi.navi.NaviParaOption;
import com.baidu.mapapi.utils.DistanceUtil;
import com.baidu.mapapi.map.MyLocationConfiguration.LocationMode;

import android.Manifest;
import android.annotation.TargetApi;
import android.app.Activity;
import android.content.Context;
import android.content.pm.PackageManager;
import android.graphics.Color;
import android.hardware.Sensor;
import android.hardware.SensorEvent;
import android.hardware.SensorEventListener;
import android.hardware.SensorManager;
import android.os.Build;
import android.os.Bundle;
import android.support.v4.app.ActivityCompat;
import android.support.v4.content.ContextCompat;
import android.util.Log;
import android.view.View;
import android.view.View.OnClickListener;
import android.widget.Button;
import android.widget.Toast;
import android.widget.RadioGroup.OnCheckedChangeListener;

public class Activity1 extends Activity implements SensorEventListener,
CloudListener {

    LocationClient mLocClient;
    public MyLocationListener myListener = new MyLocationListener();
    private LocationMode mCurrentMode;
    BitmapDescriptor mCurrentMarker = null;
    private static final int accuracyCircleFillColor = 0xAAFFFF88;
    private static final int accuracyCircleStrokeColor = 0xAA00FF00;
    private SensorManager mSensorManager;
    private float lastX = 0;
    private float mCurrentDirection = 0;
    private double mCurrentLat = 0.0;
    private double mCurrentLon = 0.0;
    private float mCurrentAccuracy;
    private Context mContext;
```

```
    // private Sensor mSensor;

        MapView mMapView;
        BaiduMap mBaiduMap;

        // UI 相关
        OnCheckedChangeListener radioButtonListener;
        Button requestLocButton;
        boolean isFirstLoc = true; // 是否首次定位
        private MyLocationData locData;

        private CloudManager mCloudManager;

        @Override
        protected void onCreate(Bundle savedInstanceState) {
            super.onCreate(savedInstanceState);
            SDKInitializer.initialize(getApplicationContext());
            mContext = this;
            setContentView(R.layout.activity_1);

            mCloudManager = CloudManager.getInstance();
            mCloudManager.init();
            mCloudManager.registerListener(Activity1.this);

            mSensorManager = (SensorManager) getSystemService(SENSOR_
SERVICE);

            mMapView = (MapView) findViewById(R.id.bmapView);
            mBaiduMap = mMapView.getMap();

            // 开启定位图层
            mBaiduMap.setMyLocationEnabled(true);
            mLocClient = new LocationClient(this);
            mLocClient.registerLocationListener(myListener);
            LocationClientOption option = new LocationClientOption();

            option.setOpenGps(true); // 打开 gps
            option.setCoorType("bd09ll"); // 设置坐标类型
            option.setScanSpan(1000);
            mLocClient.setLocOption(option);
```

```
            mLocClient.start();

            mCurrentMode = LocationMode.NORMAL;
            mBaiduMap.setMyLocationConfiguration(new   MyLocationConfi
guration(mCurrentMode, true, null));
            MapStatus.Builder builder = new MapStatus.Builder();
            builder.overlook(0);
            mBaiduMap.animateMapStatus(MapStatusUpdateFactory.
newMapStatus(builder.build()));

            // 点击刷新按钮
            findViewById(R.id.refresh).setOnClickListener(new
OnClickListener() {
             public void onClick(View v) {
                  Log.i("Arceus", "OnClick");
                    NearbySearchInfo info = new NearbySearchInfo();
                    // 如果要引用此处代码,请将info.ak此行打码
                    info.ak = "EhdMx30qQ3FmMdVQjdzBVXLNlfNWAgCS";
                    info.geoTableId = 192545;
                    info.radius = 3000000;
                    Log.i("Arceus", String.valueOf(mCurrentLon) + "," +
String.valueOf(mCurrentLat));
                    info.location = String.valueOf(mCurrentLon) + "," +
String.valueOf(mCurrentLat);
                    mCloudManager.nearbySearch(info);
                }
            });

            // 点击marker后开启导航
            mBaiduMap.setOnMarkerClickListener(new
OnMarkerClickListener() {
            public boolean onMarkerClick(final Marker marker) {
                Button button = new Button(getApplicationContext());
                    button.setBackgroundResource(getResources().
getIdentifier("popup", "drawable", getPackageName()));
                    OnInfoWindowClickListener listener = null;

                    button.setText("导航");
                    button.setTextColor(Color.BLACK);
                    button.setWidth(300);

                    listener = new OnInfoWindowClickListener() {
```

```
                    public void onInfoWindowClick() {
                        LatLng pt2 = marker.getPosition();
                        LatLng pt1 = new LatLng(mCurrentLat, mCurrentLon);
                        double distance = DistanceUtil. getDistance
(pt1, pt2);
                        Toast.makeText(getApplicationContext(), "dist=
" + distance, Toast.LENGTH_LONG).show();

                        NaviParaOption para = new NaviParaOption()
                                .startPoint(pt1).endPoint(pt2)
                                .startName("您的位置").endName("探测点");

                        try {
                            BaiduMapNavigation.openBaiduMapNavi(para,
mContext);
                        } catch (BaiduMapAppNotSupportNaviException e) {
                            e.printStackTrace();
                        }

                        mBaiduMap.hideInfoWindow();
                    }
                };

                LatLng ll = marker.getPosition();
                InfoWindow mInfoWindow = new InfoWindow
(BitmapDescriptorFactory.fromView(button), ll, -47, listener);
                mBaiduMap.showInfoWindow(mInfoWindow);

                return true;
            }
        });
    }

    @Override
    public void onAccuracyChanged(Sensor arg0, int arg1) {
        // TODO Auto-generated method stub
    }

    @Override
    public void onSensorChanged(SensorEvent sensorEvent) {
        float x = sensorEvent.values[SensorManager.DATA_X];
        // 同步用户手机的角度
```

```
            if (Math.abs(x - lastX) > 1.0) {
                mCurrentDirection = (int) x;
                locData = new MyLocationData.Builder()
                        .accuracy(mCurrentAccuracy)
                        // 此处设置开发者获取到的方向信息,顺时针 0-360
                        .direction(mCurrentDirection).latitude(mCurrentLat)
                        .longitude(mCurrentLon).build();
                mBaiduMap.setMyLocationData(locData);

            }
            lastX = x;
        }

        public class MyLocationListener implements BDLocationListener {

            @Override
            public void onReceiveLocation(BDLocation location) {
                if(location == null || mMapView == null) {
                    return;
                }
                mCurrentLat = location.getLatitude();
                mCurrentLon = location.getLongitude();
                mCurrentAccuracy = location.getRadius();
                locData    =    new    MyLocationData.Builder().accuracy
(mCurrentAccuracy).direction(mCurrentDirection).
                latitude(mCurrentLat).longitude(mCurrentLon). build();
                mBaiduMap.setMyLocationData(locData);
                if(isFirstLoc) {
                    isFirstLoc = false;
                    LatLng  ll  =  new  LatLng(location.getLatitude(),
location.getLongitude());
                    MapStatus.Builder builder = new MapStatus.Builder();
                    builder.target(ll).zoom(10.0f);
                    mBaiduMap.animateMapStatus(MapStatusUpdateFactory.
newMapStatus(builder.build()));
                }

            }

            public void onReceivePoi(BDLocation poiLocation) {
            }
```

```
    }

    @Override
    protected void onPause() {
        mSensorManager.unregisterListener(this);
        mMapView.onPause();
        super.onPause();
    }

    @Override
    protected void onResume() {
        mMapView.onResume();
        super.onResume();
        //为系统的方向传感器注册监听器
        mSensorManager.registerListener(this, mSensorManager.
getDefaultSensor(Sensor.TYPE_ORIENTATION),
        SensorManager.SENSOR_DELAY_UI);
    }

    @Override
    protected void onStop() {
        //取消注册传感器监听
        mSensorManager.unregisterListener(this);
        super.onStop();
    }

    @Override
    protected void onDestroy() {
        // 退出时销毁定位
        mLocClient.stop();
        // 关闭定位图层
        mBaiduMap.setMyLocationEnabled(false);
        mMapView.onDestroy();
        mMapView = null;
        super.onDestroy();

        mSensorManager.unregisterListener(this);

        mCloudManager.unregisterListener();
        mCloudManager.destroy();
        mCloudManager= null;
    }
```

```
        @Override
        public void onGetCloudRgcResult(CloudRgcResult arg0, int arg1) {

        }

        @Override
        public void onGetDetailSearchResult(DetailSearchResult result,
int error) {
            if (result != null) {
                if (result.poiInfo != null) {
                    Toast.makeText(Activity1.this, result.poiInfo.title,
                            Toast.LENGTH_SHORT).show();
                } else {
                    Toast.makeText(Activity1.this,"status:"
                             + result.status, Toast.LENGTH_SHORT). show();
                }
            }
        }

        public void onGetSearchResult(CloudSearchResult result, int
error) {
        // 得到搜索信息
            if (result != null && result.poiList != null
                    && result.poiList.size() > 0) {
                mBaiduMap.clear();
                BitmapDescriptor bd = BitmapDescriptorFactory.fromResource
(getResources().getIdentifier("arceus_dess", "drawable", getPackageName()));
                LatLng ll;
                LatLngBounds.Builder builder = new Builder();
                for (CloudPoiInfo info : result.poiList) {
                    ll = new LatLng(info.latitude, info.longitude);
                    OverlayOptions oo = new MarkerOptions().icon(bd).
position(ll);
                    mBaiduMap.addOverlay(oo);
                    builder.include(ll);
                }
                LatLngBounds bounds = builder.build();
                MapStatusUpdate u = MapStatusUpdateFactory.newLatLngBounds
(bounds);
                mBaiduMap.animateMapStatus(u);
            }
```

```
    }

}package com.demo.buttontest;

import java.io.BufferedReader;
import java.io.InputStreamReader;
import java.net.HttpURLConnection;
import java.net.URL;
import java.net.URLEncoder;
import java.util.ArrayList;

import org.json.JSONArray;
import org.json.JSONException;
import org.json.JSONObject;

import com.baidu.mapapi.model.LatLng;
import com.unity3d.player.UnityPlayerActivity;

import android.app.Activity;
import android.content.Context;
import android.content.Intent;
import android.os.Bundle;
import android.util.Log;

// 本类用来打开百度地图界面
public class OpenActivity1 extends UnityPlayerActivity {
    Activity mActivity=null;
    Context mContext = null;

    public static double latitude = 0;
    public static double longitude = 0;
    public static double orientation = 0;
        @Override
    protected void onCreate(Bundle savedInstanceState) {
    super.onCreate(savedInstanceState);
    mActivity = this;
    mContext = this;
    }


    public void StartMap() {
    Intent intent = new Intent(mContext, Activity1.class);
```

```
    mActivity.startActivity(intent);
    }
}
```

附录 B　Unity 3D 代码

```
using System.Collections;
using System.Collections.Generic;
using UnityEngine;
using UnityEngine.UI;

using System;
using System.Collections.Generic;
using System.IO;
using System.Linq;
using System.Net;
using System.Text;
using System.Threading;

public class ButtonTest : MonoBehaviour {
    // Button used to invoke the map api.
    public Button button;

    private int numOfPOI;

    AndroidJavaClass unityPlayer;
    AndroidJavaObject curAct;

    // Use this for initialization
    void Start () {
        unityPlayer = new AndroidJavaClass("com.unity3d.player.
UnityPlayer");
        curAct = unityPlayer.GetStatic<AndroidJavaObject>
("currentActivity");

        // Initialize the map api.
        button.onClick.AddListener(startApp);
    }

    // Update is called once per frame
    void Update () {
```

```
            if(Input.GetKeyDown(KeyCode.Escape) || Input.GetKeyDown
(KeyCode.Home))
            {
                Application.Quit();
            }
        }

        public void startApp()
        {
            curAct.Call("StartMap");
        }
    }
```

```
    fileFormatVersion: 2
    guid: d5aace3ede2b7d741a5431c0aa9eb5ec
    MonoImporter:
      externalObjects: {}
      serializedVersion: 2
      defaultReferences: []
      executionOrder: 0
      icon: {instanceID: 0}
      userData:
      assetBundleName:
      assetBundleVariant:
```

彩　图

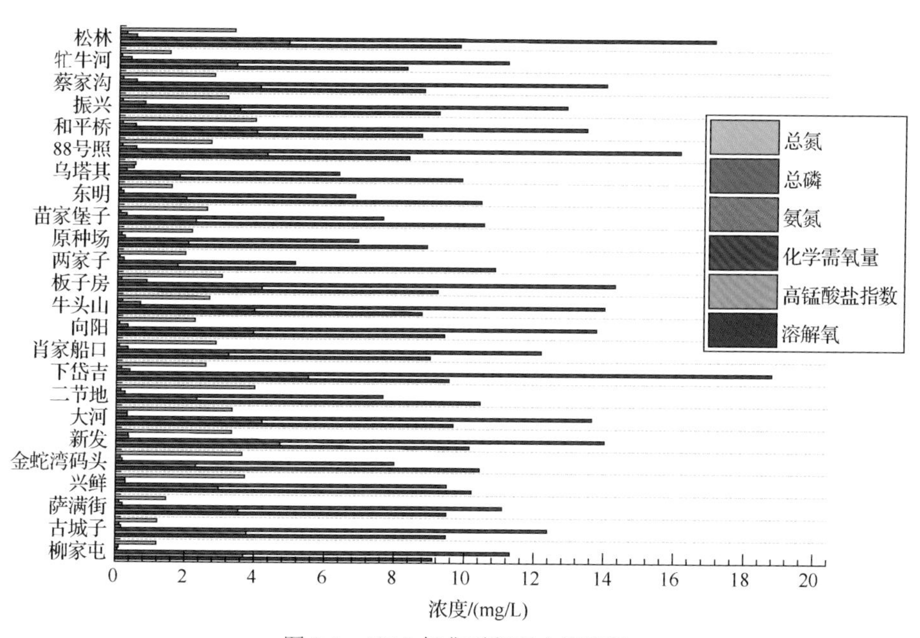

图 8-1　2016 年典型断面水质情况

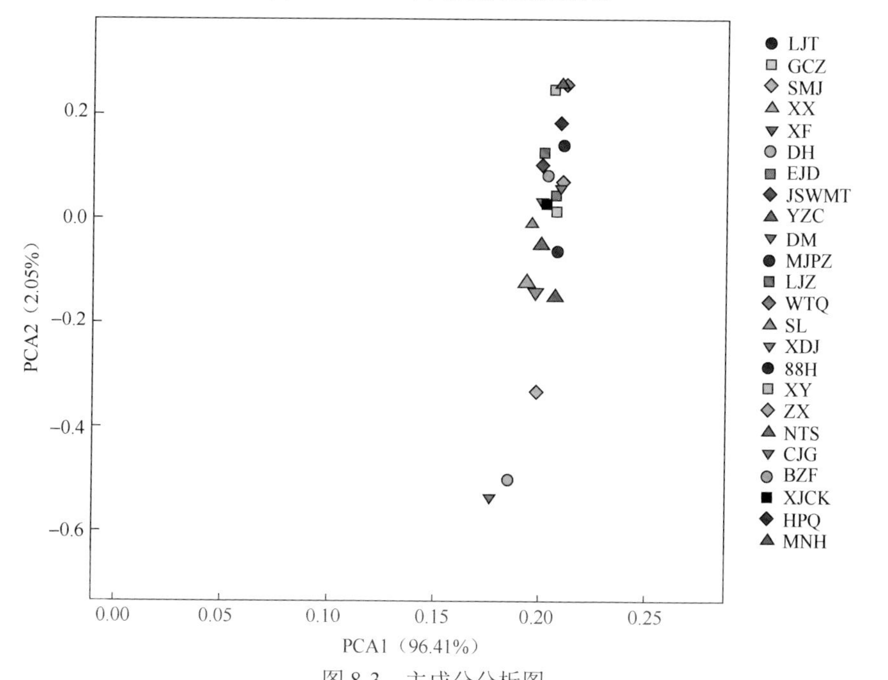

图 8-3　主成分分析图

PCA1—第一主成分；PCA2—第二主成分

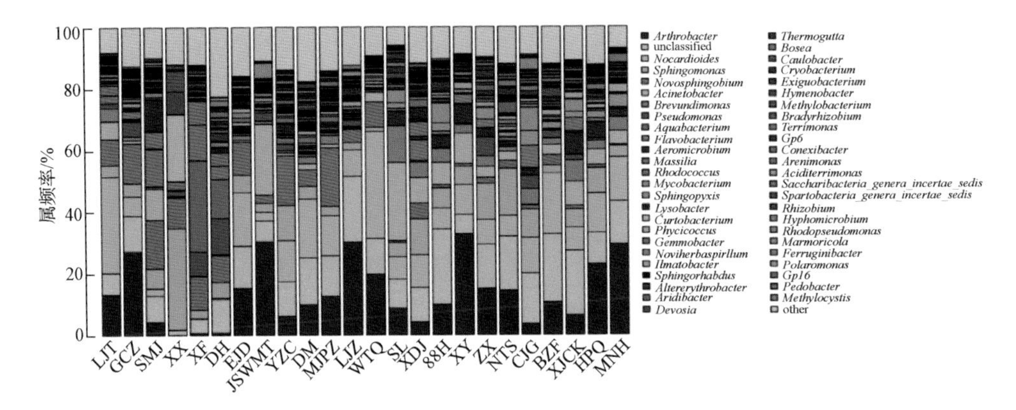

图 8-4　水体中属水平下的细菌群落组成

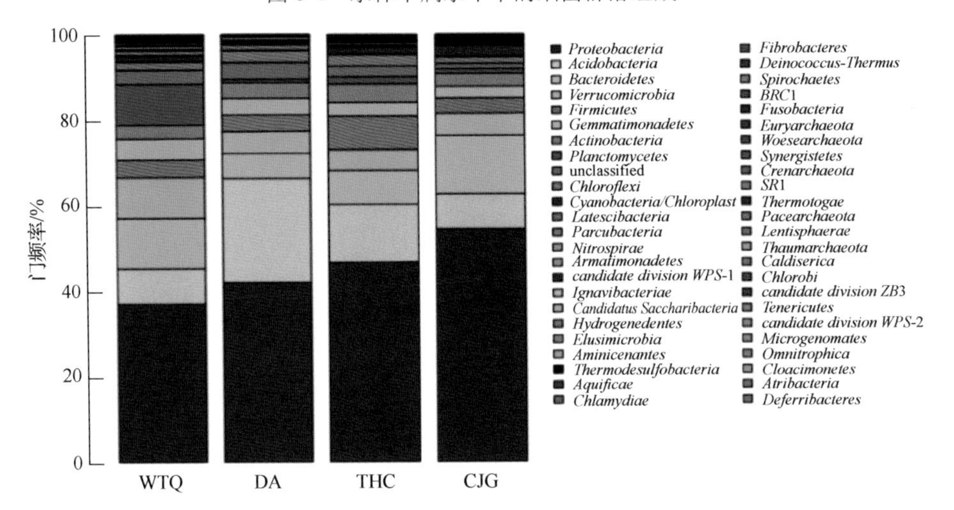

图 8-6　4 个断面门水平下的细菌群落组成

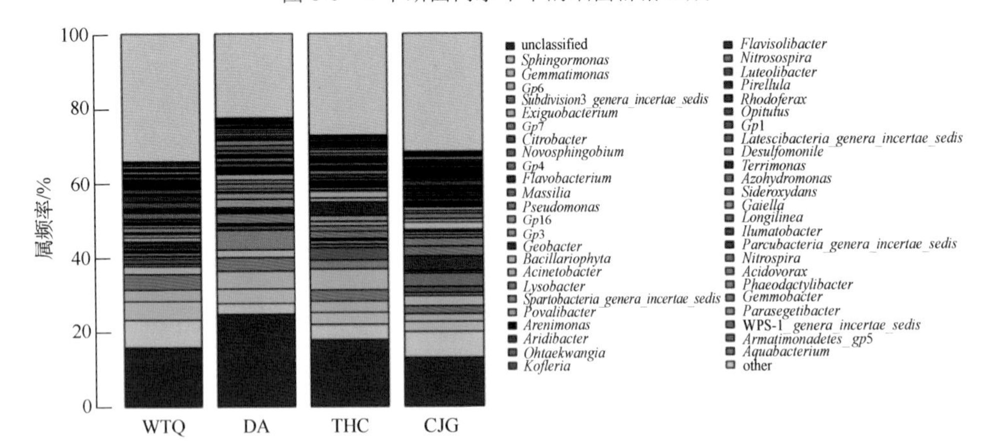

图 8-7　4 个断面属水平下的细菌群落组成

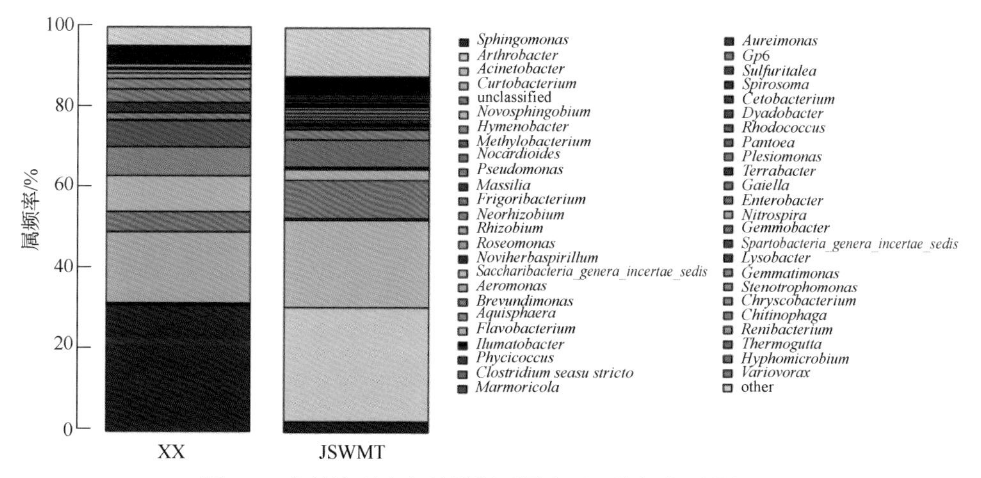

图 8-9 金蛇湾码头和兴鲜断面属水平下的细菌群落组成

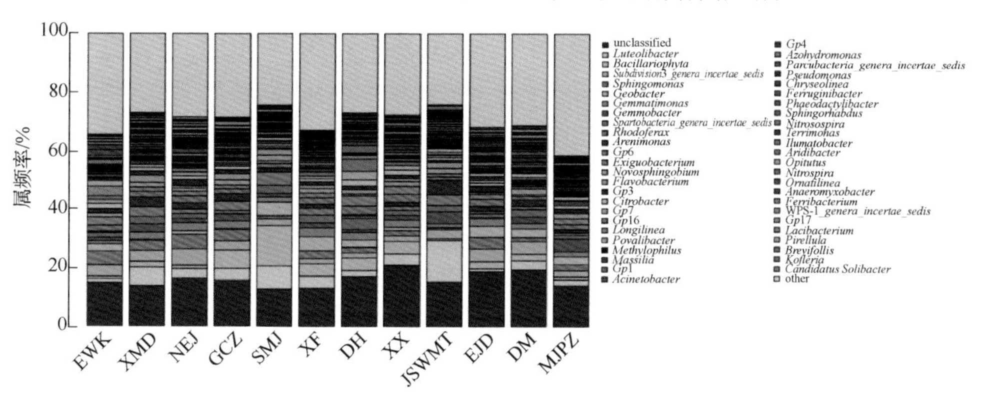

图 8-11 12 个断面属水平下的细菌群落组成

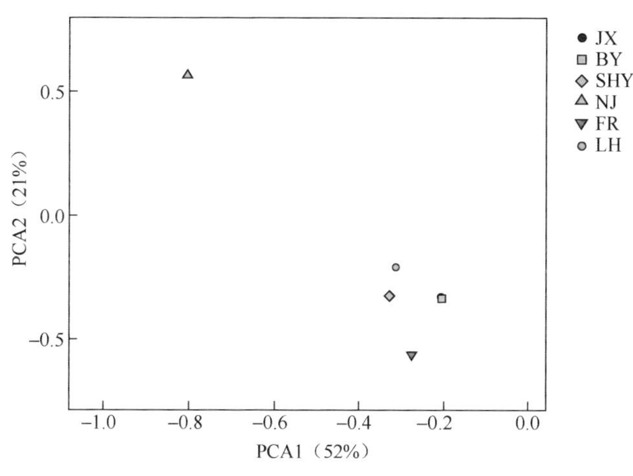

图 8-12 基于 OTU 的 PCA 图

注：图中 JX 与 BY 重叠。

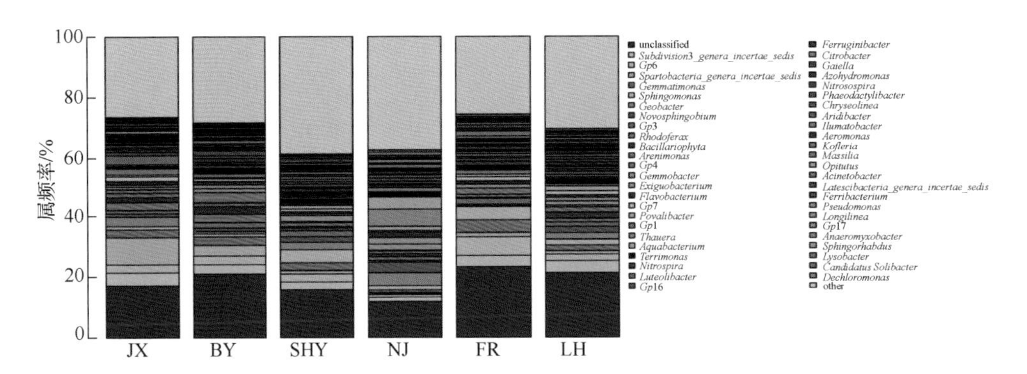

图 8-13　6 个断面属水平下的细菌群落组成

图 12-4　松花江流域省界缓冲区水质信息 AR 平台